智慧变电站
技术及应用

主　编　赵振喜
副主编　刘春生　张东升

中国电力出版社
CHINA ELECTRIC POWER PRESS

内 容 提 要

本书旨在为新型电力系统引领下智慧变电站的设计、建设、运维、检修和设备制造提供理论支撑。

本书包括 11 章，分别是智慧变电站发展现状、智慧变电站物联管控平台、智慧变电站感知设备关键技术、智慧变电站网络设备关键技术、智慧变电站边缘设备关键技术、智慧变电站云端设备关键技术、三维数字孪生技术、辅助设备智能监控技术、智能巡视系统、智能联动和现场作业安全管控系统。

本书可供电力专业高校师生、科研工作者、电力系统管理及工程技术人员学习和参考。

图书在版编目（CIP）数据

智慧变电站技术及应用 / 赵振喜主编. —北京：中国电力出版社，2022.6（2022.11 重印）
ISBN 978-7-5198-6774-4

Ⅰ. ①智… Ⅱ. ①赵… Ⅲ. ①智能系统–变电所–研究 Ⅳ. ①TM63

中国版本图书馆 CIP 数据核字（2022）第 083920 号

出版发行：中国电力出版社
地　　址：北京市东城区北京站西街 19 号（邮政编码 100005）
网　　址：http://www.cepp.sgcc.com.cn
责任编辑：罗　艳（010-63412315）高　芬
责任校对：黄　蓓　郝军燕
装帧设计：张俊霞
责任印制：石　雷

印　　刷：三河市万龙印装有限公司
版　　次：2022 年 6 月第一版
印　　次：2022 年 11 月北京第二次印刷
开　　本：710 毫米×1000 毫米　16 开本
印　　张：14.5
字　　数：242 千字
印　　数：1001—1500 册
定　　价：98.00 元

版 权 专 有　侵 权 必 究

本书如有印装质量问题，我社营销中心负责退换

编写人员名单

主　　编　赵振喜

副 主 编　刘春生　张东升

参编人员　周华良　侯林江　刘　锐　周建新

　　　　　丁　泉　潘爱峰　崔张坤　谢业华

　　　　　季　成

前言 Preface

　　近年来，随着国家经济快速发展，对电力安全稳定供应的需求增大，同时，电网整体架构日趋庞大复杂，变电站规模也不断扩大。除电网企业的变电站外，还有大量的火电、风电、光伏升压站及工业企业的自备变电站，不可否认，部分企业的运维力量严重不足。因缺少远程运维的手段、环境影响大、巡视不及时、设备隐患突出、故障信息滞后，导致基于人工的传统运维管理模式与设备快速增长的矛盾日益凸显。

　　于是，以减人增效为出发点的设备智能化管控技术逐渐进入广大运维人员的视野，成为快速检测设备异常状态的重要手段。但这仍然存在一定的问题：运行变电站后期加装监测装置受限，只能采取外挂传感器的方式，其功能无法全部覆盖，精度也大打折扣；此外，现有智能装置在软件、硬件、功能、接口方面参差不齐，每种装置都独立设计、独立安装，各自配置一面智能分析单元导致主设备周边装置成群，不能相互替代，功能不能共享，既占用有限的空间，也造成了大量的浪费和设备闲置。

　　随着大数据、云计算、人工智能、5G通信、信息安全防护、物联网等数字信息技术的创新突破，以数字驱动为特征、数据资源为要素的数字经济得到了蓬勃发展。智慧化新生产方式的加快到来，为基于输变电物联的智慧变电站建设提供了技术支撑，同时，外部复杂多变的环境和电网企业可持续发展的要求给智慧变电站建设带来新的机遇和挑战。本书编者团队于2020年9月开始了智慧变电站的技术研究。以状态全面感知、信息互联共享、人机友好交互、远程巡视高度智能、趋势分析深度赋能、运检效率大幅提升为出发点，针对一次设备特点，研究感知技术，确定智慧变电站技术要求。

　　目前，智慧变电站相关可复制、易拓展、应用广的标准化定制产品已研制成功，实验环境搭建完成，动模试验全面展开，在新型实用传感器使用率、远程巡视场景覆盖率、5G多接入边缘计算（Mobile Edge Computing，MEC）覆盖率、主辅设备联动率、异常缺陷发现准确率、故障判断和预警准确率等方面达到了预期目标。此外，工程应用正在积极推进。

《智慧变电站技术及应用》是对智慧变电站技术研究成果的全面总结。主要内容有感知设备关键技术，包括一次设备集成的感知设备、终端汇聚设备、图像采集终端、动力环境感知设备、无线数字表计等；物联管控平台技术，包括在线实时感知、远程智能巡视、智能辅助控制、三维数字孪生、安全作业管控、智能压板监测技术等；智慧控制技术，包括火灾消防、安全防卫、环境动力等子系统接入标准，主、辅助设备实时运行状态的全面感知、集中监控及智慧联动；远程智能巡视技术，包括高清视频、移动终端及智能感知终端的数据采集，人工智能、机器视觉、大数据分析、边缘计算和集控站管理等技术；无线通信和协同计算技术，包括5G、CPE、MEC、UPF、云边端协同计算等技术；边缘计算技术，包括插卡式边缘代理装置的主板、标准型扩展板、增强型扩展板，站端边缘计算，容器化技术，数据上送转发、状态综合评估、本地及云端预警等技术。

本书共分为11章，第1～2章主要介绍智慧变电站发展现状、智慧变电站框架体系及物联管控平台建设方案；第3～8章重点对感知设备、网络设备、边缘设备、云端设备、三维数字孪生等技术的原理及应用进行阐述；第9～11章对变电站的智能巡视、智能联动、作业管控的应用场景进行介绍。

本书编写组成员来自国网吉林省电力有限公司、中国电力工程顾问集团东北电力设计院有限公司、国电南瑞南京控制系统有限公司、炜呈智能电力科技（杭州）有限公司、南京电研电力自动化股份有限公司等多家单位，均为国网吉林省电力有限公司"智慧变电站建设关键技术研究"科技项目组的成员，其专业技术能力、理论和实际经验均处于国内外、同行业的领先水平。

本书将为新型电力系统引领下智慧变电站的设计、建设、运维、检修和设备制造提供理论支撑，可供电力专业高校师生、科研工作者、电力系统管理及工程技术人员学习和参考。

在本书的编写过程中，参阅和引用了不少专家、学者论著中的有关资料，在此一并表示衷心的感谢。虽经反复推敲核证，仍难免有不妥之处，恳请广大读者提出宝贵意见。

编者
2022年3月

目录 Contents

智慧变电站发展现状

　　随着电网规模和变电设备数量的不断增大，设备监控强度不足、运维管理细度不足、支撑保障能力不足等问题日益凸显。大电网安全与设备运维监控成为电网企业安全生产常抓不懈的焦点，需进一步加强对安全责任、安全防范的重视程度。

　　随着数字化和智慧化新生产方式的加快到来，给智慧变电站的建设带来新的机遇和挑战。智慧变电站是指在智能变电站基础上，采用主辅设备全面感知、智慧联动、一键顺控、智能巡视、作业管控等技术建设的智慧型变电站。智慧变电站关键技术成功应用后，将实现倒闸操作一键顺控、站内设备自动巡检、人员行为智能管控、主辅设备智能联动、设备异常主动预警、故障跳闸智能决策、设备台账周期管理等智慧应用；实现运维检修效率大幅提升、设备监测能力全面提升、设备管控方式全面提升；实现变电站监控、巡视、预警、决策、现场安全作业管控智慧提升，达到运维智慧化的效果。

1.1　传统变电站面临的挑战

1.1.1　运维检修压力大

　　随着电网建设规模的快速增长以及变电站综合自动化水平的提高，无人值班变电站的数量越来越多，而运检人员数量却无法同步增长，其承载业务类型及工作范围大幅增加。在带电检测对运检人员技术水平要求较高的情况下，如何降低运维成本和难度，提高设备运维水平，成为电网企业公司面临的重要难题。此外，在保证安全生产、可靠运行的前提下，还要更加重视提高运维的效率以及准确性。

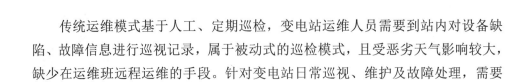

传统运维模式基于人工、定期巡检，变电站运维人员需要到站内对设备缺陷、故障信息进行巡视记录，属于被动式的巡检模式，且受恶劣天气影响较大，缺少在运维班远程运维的手段。针对变电站日常巡视、维护及故障处理，需要进行统一平台化管理。

1.1.2 故障检测手段单一

变电站设备巡检工作能够预防变电站设备故障，通过故障检测，可以及时发现变电设备故障，保障电力系统稳定运行。

现有的巡检方式主要为人工巡检，手动记录监测数据，这种方式存在劳动强度大、工作效率低、检测质量分散、人员素质要求高、管理成本高等不足。

随着机器人技术的日渐成熟，为提高巡检的覆盖率、精度和智能化水平，及时发现并定位变电站故障隐患，利用机器人完成变电站智能巡检的需求应运而生。然而，现在的大多数巡检机器人仅仅起到移动监控的作用，还需要人工对监控视频进行故障判断，或是仅有简单的图像识别后台，不能对更复杂的情况做出响应，系统误报率和漏报率较高，上述因素制约了巡检机器人在变电站的大规模推广应用。

目前，变电站的检修通常采用周期性检验制度，包括常见的春检和秋检。然而传统的周期性检验制度存在一定的局限性：① 检修周期不合理，针对有些运行良好的设备，可能会出现不必要的检修状况，浪费人力和物力；② 检修不及时，如有些设备还未到检修周期时，就出现了设备故障等情况；③ 抢修工作或临时性检修工作增多。

变电站最常用的在线感知技术有主变压器油色谱监测、SF_6在线感知、局部放电在线感知以及避雷器在线感知等。故障诊断系统随着在线感知技术的发展也逐渐发展起来。从本质上来说，故障诊断系统包括了多种理论学科，并不是独立存在的，能够更系统、更科学地处理在线感知获取的数据。目前变电站在线感知系统虽然能监测大部分设备参数，但有时不能及时反馈设备某些参数变化，更不能提前判断设备异常，从而不能及时做出处理及避免故障发生，进而造成设备停电甚至电网事故。

通常采用比较法对设备进行故障诊断，即通过一些诊断技术，如相似性诊断、趋势诊断等，将所得出的数据或结果与设备历年的统计结果进行比较，如果没有显著差异，则说明设备不存在缺陷；将测试结果与同一类型设备进行比较，在相同运行和环境条件下，结果若存在差异，则说明设备存在问题。比较法对设备的故障诊断较为基础，结果具有模糊性，且不能通过大数据及人工智能进行综合诊断，也不能将收集到的大量数据与基于知识经验的专家系统知识库进行匹配，从而得出准确的诊断结果。

传统的设备状态评价及运检策略均以专家经验定期评估为主，评估周期较长，无法实现设备正确告警和对设备状态的准确把控。面对愈加复杂的电网环境，单靠人力分析、片面防控已不能满足设备的管理需求。目前设备状态评估需要解决以下几个方面的问题：

（1）需要建立有效的设备在线故障诊断标准体系。目前针对设备进行的故障诊断面广量大，且不同评估人员对诊断标准的理解、掌握的尺度不尽相同，从而影响诊断结果。为避免手工分析可能造成的数据不全面、分析不深入、标准不统一等问题，必须通过信息化、现代化的手段，建立强大的信息系统来完善、提高状态诊断的效率和准确性。

（2）需要研究设备状态监测数据特征提取技术。状态监测数据类型复杂繁多、特性各异，需要针对性地研究典型特征提取技术。而不同原理的数据诊断分析算法的适用范围都有一定的局限，如何针对不同类型的特征数据找出适应性强、准确度高、应用范围广的诊断分析算法也是研究难点。

（3）需要研究设备的特征提取与故障机理映射关系。要得到反映设备故障状态信息与设备状态监测量之间的关联映射规律，需要进行理论或大量的实验分析。由于获得全面的设备故障数据样本是不现实的，如何将人工智能与现有故障机理相结合，在有限样本数据的基础上，解决设备故障的"相关性"问题，实现设备运行状态特征地有效提取也是研究的一个难点。

上述问题的存在，对设备状态评估、设备运检质量和供电可靠性都提出了新的、更高的要求。

1.1.3　信息孤岛严重

为提高常规变电站的运维效率，近年来开发了多种运维系统，如辅助设备监控系统、室外激光导航机器人巡检系统、室内挂轨机器人巡检系统、三维巡检系统等。

辅助设备监控系统由辅助设备传感器、控制单元、子系统主机、协议转换器、辅助设备监控系统主机五层组成，层级环节多，系统故障率高。消防、安防、在线感知、交直流等各子系统均有各自主机,接口协议种类多、标准不统一,存在多个信息孤岛,导致运维人员缺少有效的远程监控手段,无法满足集中监控、数据共享、智能联动和精益管理等要求。

机器人巡检系统主要完成红外测温、表计读取,在一定程度上减轻了运维人员的工作量,但受限于机器人的活动范围,不能完全实现全覆盖。极少数变电站部署了三维巡检系统,通过对整站设备进行三维建模,结合增强虚拟现实技术,实现了变电站设备的虚拟化巡检。三维巡检系统的缺点在于与其他系统交互不足,属于被动式运维系统,尚不能实时全面地展示变电站设备运行情况。

上述这些运维系统分属不同安全大区,相互之间信息交互少,信息孤岛依然存在。因此急需解决以下几个方面问题:

(1)如何实现各类子系统统一规范接入。辅助设备监控系统接入子系统较多,包括消防、安防、一次设备状态感知、动环、智能锁控等,子系统设备提供厂商较多,不同厂商同类产品的信息模型也各不相同,不满足电力系统数据模型要求,通信方式各厂商采用私有协议,在辅助设备融合接入时,面临是否符合相关电力技术规范、能否标准化接入、是否满足电力网络安全等一系列技术问题。

(2)如何构建主辅设备智能联动场景。全面梳理变电站内主辅设备信息,对多种信息数据进行全面整合,设置灵活的联动关系,最大限度地发挥系统联动效应。发生异常时,自动实现主设备、在线感知、辅助、视频、巡检机器人等多系统智能联动,提升变电站安全运行水平。

(3)如何实现异常主动预警与智能辅助决策。利用变电站积累的大量设备检修数据,根据设备的故障类型、故障特征信息集合以及解决方案构造故障案例,并将相关案例存储在数据库中,以形成变电站典型故障案例库。通过主动预警与智能辅助决策,将以事后诊断处理为主的被动模式转变为以设备状态自我感知、故障智能诊断、趋势自动跟踪、异常提前告警为主的主动预警模式,提前发现和处置异常,实现变电站设备故障的预先诊断。

1.2 智慧变电站发展的基本情况

1.2.1 国内外研究现状

国外对于智能变电站的定义和含义尚未统一。在欧洲,将基于 IEC 61850

通信标准建设的变电站称为下一代变电站。虽然智能变电站在欧美各国中的叫法不尽相同,但是将智能变电站定为 Smart Substation 逐渐被西方各国广泛采纳。欧洲国家的电力行业发展起步早,现在已较为稳定可靠,因此其对新变电站的建设并不迫切,重点需求在于老变电站的技术改造和运行维护。目前,部分电力公司发展智能变电站的目的在于通过利用新技术、新设备、新材料提升变电站和电网的综合利用率。2004 年发布的 IEC 61850 通信标准作为建设智能变电站的基础,已大规模应用于数字化变电站和智能变电站。欧洲国家出于技术、经济等方面的综合考量,智能变电站的数量不是很多。欧洲互联电网组织却大力推广标准的应用,并认为 IEC 61850 通信标准作为未来变电站建设、运维的基础和核心,以使欧洲国家都能分享在标准的推广应用上所带来的可观效益。故从 2013 年起,欧洲国家组织 ABB、SIEMENS 等知名厂商在多次研讨会上,就智能变电站数据管理和分析、IEC 61850 通信标准的推广应用提出建议。

现在,ABB、SIEMENS 等知名电气制造商对于变电站电气设备的智能化研究成果丰硕。但是,在某些具体环节中却没能够大规模使用。ABB 公司的GIS 设备可实现功能更融合,初步具备保护测量一体功能。ABB、SIEMENS 等公司对间隔层设备的互操作性进行了试验,初步对工作难度的简易化进行了验证。

我国关于智能变电站的研究起步较早,并已大规模建设,相关领域的标准不断完善。国家电网有限公司于 2009 年提出了建设智能电网的目标。同年 12月,确定第一批智能变电站建设试点(示范)工程。而后,又发布了《智能变电站技术导则》(Q/GDW 383—2009)等一系列标准和规范,对技术标准、结构体系等方面做了规定,积极推进智能变电站的发展。2012 年初,新一代智能变电站被提出。由原先被动选择产品向自主研发新型变电站设备转变,构成以集成化智能设备、一体化业务系统及站内统一信息流为特征的新一代智能变电站。

21 世纪初,IEC 61850 通信标准不断得到完善,并引入我国,实现了智能变电站硬件系统集合、功能融合、互换性等目标。由 IEC 61850 通信标准可知,智能变电站的网络分为三层,并通过网络技术实现信息互联。

2009 年以来,我国电力建设步入智能变电站的飞速发展期,不断突破变电站的高级应用,实现电网的智能互联。目前,在已投运的智能变电站中,已初步实现了电气设备的智能化。

1.2.2　发展历程及发展阶段

（1）传统变电站。20 世纪 80 年代前，随着我国经济的快速发展，对电力能源的需求更多，因此区域型变电站的建设发展较为迅速。此时的变电站高压设备相对独立，二次设备主要以晶体管、集成电路为主，变电站需要运行人员长期轮班值守，同时变电站内的各项操作指令与监控信息都需要人员的采集与上传，极大地浪费了人力资源。另外，人员的安全隐患也是传统变电站需要重点关注的问题。

（2）综合自动化变电站。20 世纪 90 年代后，国内学者开展了微机保护课题的研究与应用，同时计算机、自动化、通信等技术的发展也为变电站自动化带来了新的活力。这期间国家电网公司联合各高等院校，通过研究变电站二次设备的功能，对其进行设备优化与功能重组，将变电站二次系统有机地结合起来，构建了变电站综合自动化系统，综合自动化变电站由此诞生。

（3）数字化变电站。21 世纪初期，国际电工委颁布的 IEC 61850 通信标准在国内得到了良好的推广，为数字化变电站的诞生提供了有利条件。数字化设备与网络化结构使得变电站实现了设备状态检修，智能监测装置按照统一的标准、统一的接口进行设计，具有互操作性，从自身功能上来看，数字化变电站已经无限接近于现阶段的智能变电站。然而，数字化变电站并不等同于智能变电站，由于数字化变电站一次设备与智能监测单元集成化程度并不高，同时站与站之间的信息交互紧密性较差，因此数字化变电站是智能变电站的初级阶段。

（4）智能变电站。2009 年的特高压输电技术国际会议上提出了名为"坚强智能电网"的发展规划，基于智能电网的发展而提出了智能变电站，智能变电站具备信息数字化、通信平台网络化、信息共享标准化等特点。同时，它还能自动完成信息采集、测量、控制、保护、计量和监测等功能，并支持多项高级功能应用。相对于数字变电站，智能变电站的一、二次设备间界限更加模糊。同时，智能变电站具备更加丰富与标准化的监测系统。因此，智能变电站的发展需要依靠高压断路器、变压器、互感器的智能化以及变电站监测系统的网络化。

此阶段变电站采用的智能化技术主要包括一次设备智能化、电子式互感器、一次设备状态感知、自动化系统网络化、交直流一体化电源、辅控系统智能化、高级应用等几个方面。智能变电站核心技术见表 1-1。

表 1-1   智能变电站核心技术

项目	试点阶段方案	全面建设阶段方案
互感器	电子式互感器+合并单元	常规互感器+合并单元
一次设备状态感知	油中溶解气体、铁芯接地电流、局部放电、SF_6气体密度、机械特性、避雷器泄漏电流及动作次数等	油中溶解气体、避雷器泄漏电流及动作次数
网络方案	220kV及以上变电站自动化系统均采用三层两网结构；110/66kV多数采用三层两网结构，少数主接线形式较为简单的工程采用三层一网结构	
站控层	包括监控主机、综合应用服务器、通信网关机（Ⅰ区、Ⅱ区、Ⅲ/Ⅳ区）等	
间隔层	试点保护、测控集成和保护、测控、计量一体化装置	按电压等级和间隔类型确定间隔层设备的集成方案
智能辅控	包括智能辅控系统综合监视平台、图像监视及安全警卫子系统、火灾自动报警及消防子系统、环境监控子系统等	

（5）新一代智能变电站。2012 年，国家电网有限公司开始新一代智能变电站的建设工作，以系统高度集成、结构布局合理、装备先进适用、经济节能环保、支撑调控一体为目标。新一代智能变电站采用 IEC 61850 通信标准、多源信息分层与交互技术、高级协调控制与预决策分析技术等，支撑各级电网的安全稳定运行和各类高级应用，实现与电力调控中心进行设备信息和运维策略的全面互动，实现基于状态检修的设备全寿命周期综合优化管理。其中，高可靠性网络与信息集成技术、高智能化电气设备整合技术是变电站坚强和智能的基础，高级协调控制与预决策分析技术是变电站提升智能化的关键。信息数字化、功能集成化、结构紧凑化、检修状态化、接口平台化、运维高效化是新一代智能变电站的技术突破点。

此阶段一次设备智能化，采用隔离式断路器、充气开关柜；全面采用电子式互感器，考虑独立安装及与隔离式断路器、GIS、变压器套管集成等多种安装方式；一次设备状态感知部分增加隔离式断路器的 SF_6 气体密度及机械特性监测，增加二次设备在线监视，采用预制舱式二次组合设备。新一代智能变电站核心技术见表 1-2。

表 1-2   新一代智能变电站核心技术

项目	建设方案
一次设备智能化	隔离式断路器、充气式开关柜
互感器	全部采用电子式互感器

续表

项目	建设方案
一次设备状态感知	增加隔离式断路器的 SF_6 气体密度、机械特性监测增加二次设备在线监视
层次化保护控制系统	就地级保护利用本地和对侧信息独立决策实现快速可靠的主保护；站域保护控制利用全站信息集中决策实现快速可靠自适应后备保护；广域保护利用区域内变电站全景数据信息实施广域后备保护
模块化组合二次设备	包括预制舱式组合设备、预制式二次组合设备、预制式智能控制柜

（6）智慧变电站。2020年初，随着云计算、物联网、移动互联网、大数据等技术的快速发展，国家电网有限公司及南方电网有限公司先后提出智慧变电站建设及电网数字化转型等发展战略。智慧变电站采用先进的传感技术，对设备状态参量、安全消防、动力环境等进行全面采集，充分应用现代信息技术，以本质安全、先进实用、面向一线、运检高效、状态全面感知、信息互联共享、人机友好交互、设备诊断高度智能、运检效率大幅提升为基本特点，实现变电站操作一键顺控、设备自动巡检、主辅设备智能联动等智能应用，全面推进变电站运维管理智能化、现代化，提升变电站安全水平，提高变电站运检质量，大幅增加运维效益。智慧变电站核心技术见表1-3。

表1-3 智慧变电站核心技术

项目	建设方案
一次设备状态感知	设备状态传感器与本体一体化融合设计；试点应用变压器套管状态监测、断路器弹簧机构压力监测、隔离开关图像识别、大电流开关柜电流触头在线测温等
辅控系统	统一部署一套辅助设备监控系统，集成安防、环境、照明、智能锁控、在线感知、消防、视频监控、智能巡检等子系统
网络方案	采用分层分布式网络结构，变电站网络分设自动化专网和保护专网，保护专网双重化冗余配置
自动化方案	开关量、模拟量经就地模块接入自动化专网；按间隔配置测控装置，增加集中冗余备用设备
继电保护方案	采用常规继电保护装置集中布置于保护小室或预制舱内

2

智慧变电站物联管控平台

2.1 智慧变电站框架体系

智慧变电站是在智能变电站基础上，采用一次设备状态感知、主辅设备全面监视、一键顺控、压板在线感知、冗余测控、站域保护、设备智能标签、智能电能质量监测、远程智能巡视、变电站作业现场安全管控、智慧运维管控等技术建设的智慧型变电站。

（1）一次设备按照一键顺控、状态感知、智能表计、免少维护等要求开展设备配置、设计优化，通过设备操作顺序控制、组合电器在线感知系统、变压器在线感知系统、开关柜在线感知系统等，全面提升一次设备健康状态智能监测水平。

（2）二次系统按照就地采集、冗余测控、站域保护、智能应用、智慧管控等要求，通过变电站智慧物联管控平台、作业现场安全管控系统、智能压板监测系统、智能电能质量监测系统、智能直流控制系统等，全面提升二次系统可靠性和智能化水平。

（3）辅助系统按照一体设计、精简层级、数字传输、标准接口、全面监控、智能联动等要求进行设计，新建站端辅助设备监控系统，通过智能照明系统、智能标签系统、消防信息传输控制单元、就地模块等，实现数据共享、设备联动，全面提升辅助设备管控能力。

（4）远程智能巡视系统通过高清视频、红外热成像测温等，由巡检主机下发控制、巡检任务等指令，开展室内外设备联合巡检作业，对采集的数据进行智能分析，形成巡检结果和巡检报告，及时发送告警。同时具备实时监控、与主辅监控系统智能联动等功能，构建变电站立体智能巡视体系。

智慧变电站框架体系如图 2-1 所示，测控、保护、电源信息部署在安全 I 区，故障录波、计量部署在安全 II 区，一次设备状态感知、火灾消防、安全防卫、动环等信息部署在安全 IV 区。

安全 I 区信息经防火墙、正向隔离装置后汇聚于站内安全 IV 区；安全 II 区数据经正向隔离装置后汇聚于站内安全 IV 区；无线感知设备信息、视频信息经汇聚节点后，在满足国家电网有限公司信息安全要求基础上，通过无线方式接入安全网关，数据汇聚于站内安全 IV 区。

智慧变电站围绕"云、管、边、端"架构体系协同开展建设。其中，"云"为物联网平台（公司端为主站、变电站端为子站），"管"为通信方式，"边"为变电站内的边缘计算，"端"为智能终端、汇聚节点。"云、管、边、端"协同技术通过利用云服务器的强大计算能力及统一管控能力、边缘计算的就近服务能力和终端设备的数据感知能力，整合电力物联网通信、计算、存储、能量等多维资源，实现变电站物联网大数据的实时处理与智能研判。

编著团队研究一种智慧变电站仿真系统，通过典型间隔设备完成相关设备的组网，最终通过用于承载通信、数据融合、数据分析、界面展示、三维、容器等应用的智能物联管控平台，结合三维建模进行数据融合实现全景数据展示，以及实现 IV 区相关系统的联动。工作站安装有专业显卡，用于支撑统一展示应用的显示，提供友好、流畅的网页以及全景三维、在线巡视、设备状态分析等界面，系统层级结构数据流如图 2-2 所示。

2.2　智慧物联管控平台建设

智慧物联管控平台采用超融合虚拟化平台，超融合将计算虚拟化、存储虚拟化及网络虚拟化整合到同一个系统平台，能够充分利用服务器的 CPU 以及内存资源。通过超融合虚拟化平台就可以拥有虚拟化服务和提供分布式共享存储，不必提供额外的物理存储服务器。超融合虚拟化平台具有以下三方面优势：

（1）易扩展。当虚拟化环境中因虚拟机数量的增加，需要对存储扩容时，只需要简单增加数据存储节点的磁盘数量或增加节点数量即可实现，扩容操作可快速在线完成。

（2）易管理。超融合虚拟化平台具备简单明了的部署管理操作页面，使运维人员完全可以实现对存储器、存储节点和磁盘的日常监控和管理。

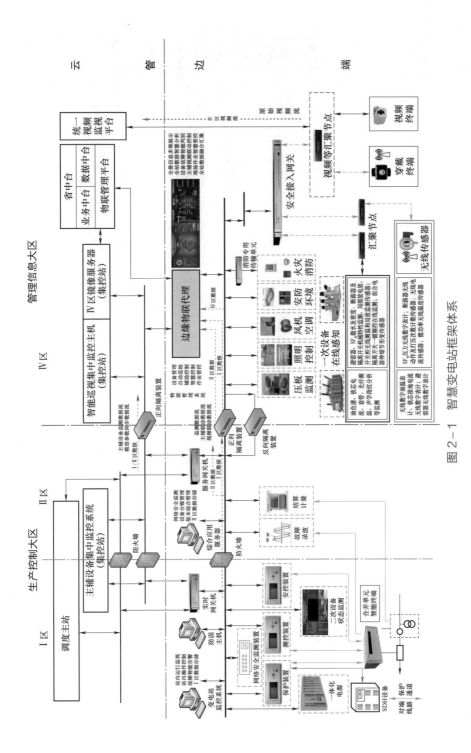

图 2－1　智慧变电站框架体系

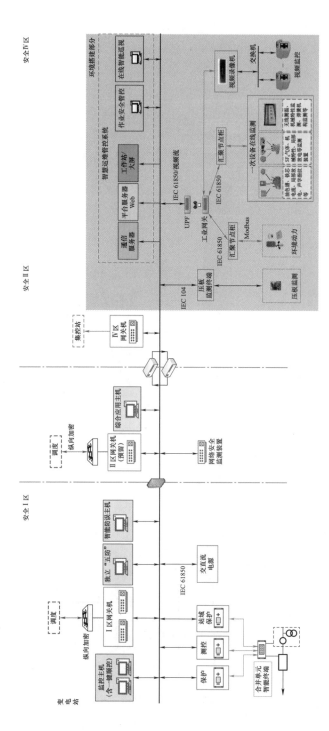

图 2-2 智慧物联管控平台层级结构数据流

（3）容错机制强。超融合虚拟化平台具有较强的容错机制，数据默认有多个备份，当某一计算节点离线时，虚拟机的实际运行会在极短的时间内完成计算资源切换，恢复正常运行。

（4）可靠性高。超融合虚拟化平台将每台计算的存储资源进行融合，组建存储池。内部数据自动备份，某一节点离线不会影响数据的正常使用。

智慧物联管控平台建设遵循统一数据接入与应用平台实现方案的相关约定，统一规范接入各子系统信息，实现数据共享、设备联动，全面提升辅助设备监控系统管控能力。平台接入在线感知、安防、消防、环境监测、SF$_6$监测、照明控制、视频监控、巡检机器人等众多子系统，实现各子系统的智能联动控制，实时接收各端装置上传的模拟量、开关量信号，分类存储各类信息并进行分析、计算、判断、统计和其他处理，实现多元异构数据的融合，实现各类系统之间联动。智慧物联管控平台基础软件架构如图 2-3 所示。

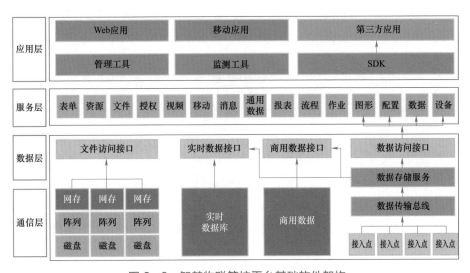

图 2-3　智慧物联管控平台基础软件架构

由图 2-3 可知，智慧物联管控平台将系统分为通信层、数据层、服务层、应用层四部分。通信层提供了与第三方系统的通信能力；数据层提供了访问实时数据库、商用数据库、文件资源的服务；服务层以 Web Service 形式实现，分为基础服务层和高级服务层；应用层主要用于组织页面和展示数据，实现所有信息的综合全景展示以及各种应用场景功能和分析算法等。

2.2.1 智慧物联管控平台典型硬件配置

（1）服务器。部署 1 套超融合虚拟化平台，包含 1 套平台软件和 4 台机架式服务器，用于承载通信、数据融合、数据分析、界面展示、三维、容器等应用。

（2）工作站。部署 2 台安装有专业显卡的工作站，用于支撑统一展示应用的显示，提供友好、流畅的网页以及全景三维、视频等界面。

（3）交换机。部署 2 台千兆交换机，用于超融合虚拟化平台的管理以及业务接入。部署 2 台万兆交换机，用于组建核心数据交换网。部署 2 台网关机，用于汇聚系统各监测模块的数据及数据交互，并负责向智慧物联管控平台转发。

（4）UPS。部署 6kW 容量，后备电池 1h 以上的 UPS 电源，用于保障服务器、工作站、交换机等核心设备的供电质量及可靠性。

（5）运行环境智能调控装置。部署 1 套运行环境智能调控装置，包含视频子系统、安全警卫子系统、门禁子系统、环境监测子系统、智能灯光控制子系统、微气象子系统、智能巡检机器人、大屏显示系统。

2.2.2 智慧物联管控平台软件功能架构

智慧物联管控平台软件功能架构如图 2-4 所示，可以看出，架构包含基础平台服务层、传感采集接入层、通信层、基础服务层、高级分析服务层、界面交互服务层。

1. 基础平台服务层

在操作系统层面，安装第三方软件，提供系统运行所需的文件、数据库、高速缓存、消息总线、容器、Web 发布、代理、运行日志、网络设备监控等服务。

2. 传感采集接入层

（1）主设备监控。主设备遥控预置信号联动，根据一次设备的遥控预置指令，选择设置联动，对应的视频预览、录像等功能。

主设备变位信号联动，根据断路器、隔离开关、接地开关等一次设备的变位信号选择设置联动，对应视频预置位预览等功能。

主设备监控系统告警联动，根据主变压器及断路器等一次设备的非电量告警信号、继电保护动作跳闸信号等选择设置联动，对应视频预置位、召唤在线感知数据、联动开启灯光照明等功能。主设备检修状态时，不应发送联动信息。

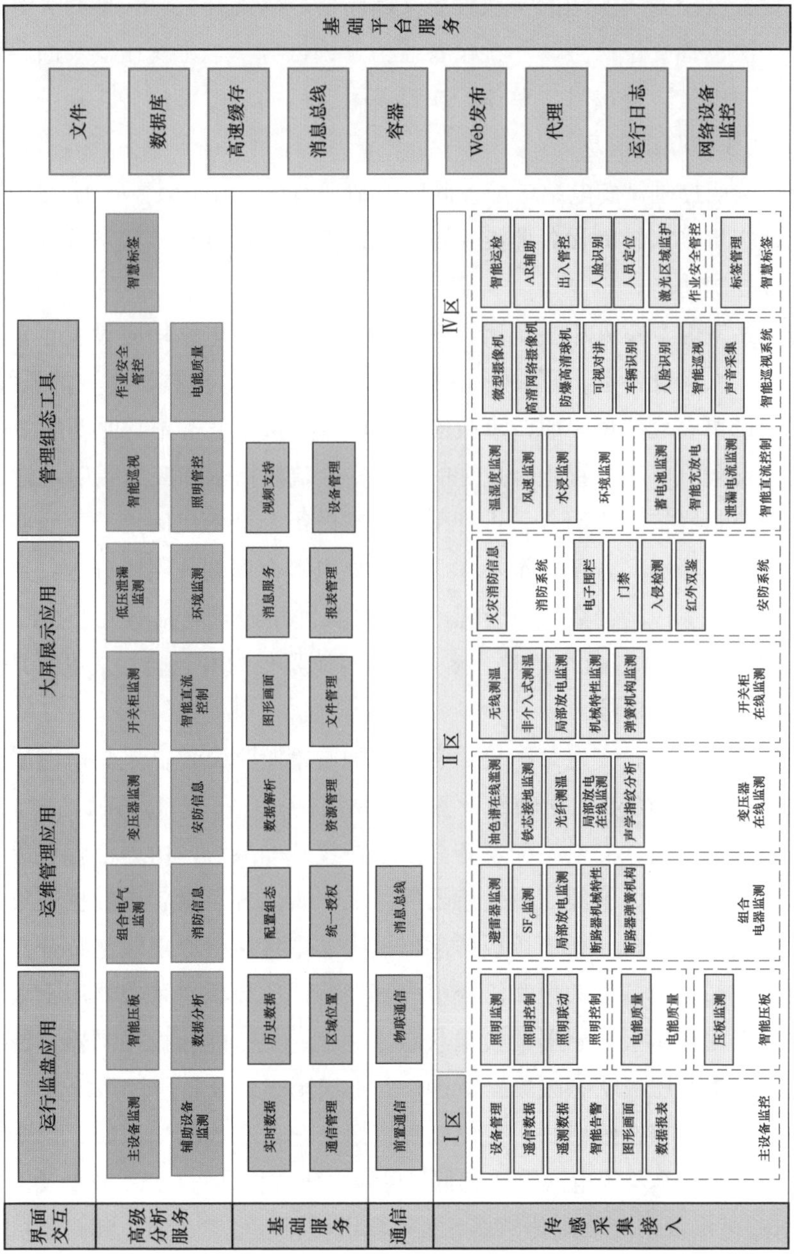

基础平台服务

| 文件 | 数据库 | 高速缓存 | 消息总线 | 容器 | Web发布 | 代理 | 运行日志 | 网络设备监控 |

界面交互 ｜ 高级分析服务 ｜ 基础服务 ｜ 通信 ｜ 传感采集接入

运行监盘应用
- 主设备监测　辅助设备监测
- 实时数据　通信管理
- 前端通信

运维管理应用
- 智能压板　数据分析
- 组合电气监测　消防信息
- 历史数据　区域定位
- 配置组态　统一授权
- 物联通信

大屏展示应用
- 变压器监测　安防信息
- 开关柜监测　智能直流控制
- 低压漏电监测　环境监测
- 图形画面　文件管理
- 数据解析　资源管理
- 消息总线

管理组态工具
- 智能巡视　照明管控　智慧标签
- 作业安全管控　电能质量
- 视频支持　设备管理
- 消息服务　报表管理

I区
- 主设备监测：设备管理　通信数据　遥测数据　智能告警　图形画面　数据报表
- 照明监测　照明控制　照明联动　照明控制　电能质量　电能质量　压板监测　智能压板

II区
- 组合电器监测：避雷器监测　SF$_6$监测　局部放电监测　断路器机械特性　断路器弹簧机构
- 变压器在线监测：油色谱在线监测　铁芯接地监测　光纤测温　局部放电　声学指纹分析
- 开关柜在线监测：无线测温　非介入式测温　局部放电监测　机械特性监测　弹簧机构特性
- 火灾消防信息／消防系统
- 电子围栏　门禁　入侵检测　红外双鉴　安防系统

III区
- 温湿度监测　风速监测　水浸监测　环境监测
- 蓄电池监测　智能充放电　泄漏电流监测　智能直流控制

IV区
- 微型摄像机　高清网络摄像机　防爆网络摄像机　可视对讲　车辆识别　人脸识别　智能巡视　声音采集　智能巡视视频系统
- 智能运检　AR辅助　出入管控　人脸识别　人员定位　激光区域监护　作业安全管控　标签管理　智慧标签

图2-4　智慧物联管控平台软件功能架构

辅助设备监控系统与主设备监控系统通过防火墙通信，采用 100M 或更高速率工业以太网 RJ45 接口通信；辅助设备监控系统应采用 DL/T 634.5104 协议，接收主设备监控系统发送的一次设备（断路器、隔离开关、接地开关等）遥控预置、一次设备变位信号、一次设备监控系统告警（含主变压器及断路器等一次设备的非电量告警信号、单体一次设备融合后的总告警信号、保护动作跳闸信号），共 3 种联动信息。

（2）照明控制。变电站应配置照明控制子系统，由照明控制器、灯具组成，通过就地模块接入辅助设备监控系统，实现变电站灯具运行状态数据采集、人工及自动控制功能。

变电站室内及室外相关场所、辅助房间、地下变电站均应设置正常照明；在控制室、二次设备室、开关室、GIS 室、电容器室、电抗器室、消弧线圈室、电缆室应设置事故应急照明，事故应急照明的数量不低于正常照明的 15%；疏散通道、安全出口应设置符合规定的消防安全疏散指示和应急照明设施。

照明控制器按照照明分区进行配置，室内每个设备房间为一个照明分区，室外按照电压等级、方便运维操作、节能要求等合理划分照明分区。每个照明分区配置的照明控制器数量应合理，每组灯具回路通断电流不大于 6A。照明控制子系统采用 RS 485 就地模块，接入照明控制器信号并远传，采集灯具开关状态并实现对灯具的遥控。

（3）电能质量。变电站配置数字化电能质量监测装置，采集电能质量监测数据并通过 IEC 61850 上送辅助设备监控系统。

（4）智能压板。变电站配置智能压板在线感知系统，由通信管理单元、智能压板状态采集器、智能压板传感器等组成，实现各压板状态数据采集并上送至智慧物联管控平台。智能压板传感器采用非电量接触原理检测各分立压板的投退状态，部署于各开关柜和汇控柜内部。智能压板状态采集器用于采集开关柜及汇控柜内部压板传感器的投退状态，并上送至智能压板控制器。通信管理单元用于收集各压板状态采集器数据，并上送至辅助设备监控系统。

（5）组合电器在线感知。变电站配置组合电器在线感知系统，由避雷器监测装置、泄漏电流及放电次数传感器、母线电压取样装置、SF_6 微水及密度监测装置、SF_6 微水及密度监测传感器、断路器机械特性监测装置、断路器机械特性监测传感器、断路器弹簧机构压力监测、隔离开关机械特性采集装置、局部放电监测装置、局部放电监测传感器等组成，实现对泄漏电流及动作次数、母线

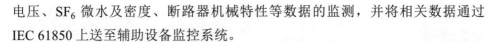

电压、SF$_6$ 微水及密度、断路器机械特性等数据的监测，并将相关数据通过 IEC 61850 上送至辅助设备监控系统。

（6）变压器在线感知。变电站配置变压器在线感知系统，由变压器免维护油色谱监测装置、铁芯接地电流监测装置、铁芯接地电流传感器、夹件接地电流传感器、变压器光纤测温传感器、免维护呼吸器、声学指纹分析监测、变压器局部放电监测等组成，实现变压器绝缘油特征气体含量、铁芯接地电流、夹件接地电流、变压器温度等数据的采集，实现声学指纹识别变压器绕组及铁芯运行状态变化，将数据进行分析诊断，将监测数据及诊断结果通过 IEC 61850 上送至辅助设备监控系统。

变压器光纤测温传感器及免维护呼吸器采用内置方式部署方式，声学指纹采集装置采用就近部署方式，将传感器数据汇聚到装置后再进行信号上传。

（7）开关柜在线感知。变电站配置开关柜在线感知系统，由无线测温、非介入式测温传感器、局部放电在线感知、机械特性监测单元、断路器弹簧机构压力监测单元组成，实现开关柜温度、局部放电、机械特性、弹簧压力等数据的采集，并通过 IEC 61850 上送至辅助设备监控系统。

（8）智能直流控制系统。变电站配置智能直流控制系统，由站用电低电压系统泄漏电流监测系统及智能蓄电池监测系统组成，采用分散采集、就地控制和集成管理的网络架构，通过故障关联性分析，实现直流系统故障定位功能，以本地或远程一键操作的方式完成蓄电池自动核容、故障支路隔离。通过维修旁路组件，在不中断直流馈线回路供电的前提下，实现非开口式直流互感器、直流馈线开关等快速更换。监测数据采用 IEC 61850 上送至辅助设备监控系统。

（9）消防系统。变电站配置消防系统，由区域火灾报警控制器、固定灭火装置、消防专用传输单元及各类前端监测装置等构成。除独立固定灭火装置（其控制、反馈信号接入主设备监控系统）外，各类消防信息通过消防专用传输单元接入辅助设备监控系统，实现对变电站消防报警信息、固定灭火装置动作及状态信息的监控。

变电站区域火灾报警控制器作为变电站消防核心设备，统一接入手报、各类型传感探测器，实现火灾报警信息的站内集中监视。

（10）安防系统。变电站配置安全防范系统（简称安防系统），控制室、二次设备室应配置门禁，高压室、GIS 室、电容器室等生产用房宜选择配置门禁；变电站大门入口宜选择配置门铃；变电站围墙应配置电子围栏；变电站大门入口应配置红外对射；控制室、二次设备室、高压室、GIS 室、电容器室宜选择配置双鉴探测器。

安防信息采用 IEC 61850 送至辅助设备监控系统。

（11）环境监测系统。变电站配置环境监测系统，由各类传感器、控制箱、水泵、空调、风机、除湿机、暖通设备等构成，通过就地模块接入辅助设备监控系统，实现变电站环境参数监测及水泵、风机、空调等设备智能控制功能，并经环境监测主机采用 IEC 61850 将数据送至辅助设备监控系统。

传感器包括室外温湿度传感器、室内温湿度传感器、水位传感器、水浸传感器、风速传感器、风向传感器、雨量传感器等，控制箱包括水泵控制箱、风机控制箱。传感器应采用插拔式接插件连接。

变电站配置包括风速、风向、雨量、温湿度传感器各 1 个，安装于变电站主控楼顶层天面，若无天面，可安装于墙面，但应保证传感器高度超过建筑物最高点。室外温湿度传感器应配有标准辐射罩，保护传感器不受雨淋日晒和紫外线辐射，同时能正常感应周围环境温度和湿度。

变电站二次设备室、主控室、通信室等房间每 30m^2 配置 1 个室内温湿度传感器，传感器应带温度显示功能，具备远传接口，采用壁挂式安装。变电站电缆沟每段配置 1 个水浸传感器，若电缆沟超过 60m，则每 60m 配置 1 个水浸传感器。应选用合金或不锈钢材质的光电水浸传感器，通过电缆沟壁支架安装，安装位置靠近电缆沟底部。变电站室外设备区不具备自流排水条件时应建设集水井，集水井按排水量设计，井内设排水泵，排水泵采用升压排出方式排水。有水泵变电站配置 1 个水泵控制箱，就近安装于室内。

变电站每个集水井配置 1 个水位传感器，水位传感器应采用防锈蚀、防老化、防潮的材料，具有一定机械强度且不易变形。水位传感器（本体）应安装于水泵控制箱中，传感电缆投入集水井中监测水位。主变压器室、开关室、电容器室等应安装风机，风机应装设在室内上方，排风量满足室内设备运行对环境的要求。每个安装风机的生产用房配置 1 个风机控制箱，就近安装于室外。

变电站主控室、二次设备室、开关室（有继电保护装置）、预制舱应装设空调；空调宜布置在室内房间的角落，且出风口不得朝向设备；空调宜采用具有 RS 485 通信接口的空调，配置数量及型号满足设备对运行环境的温湿度要求。

变电站开关柜室等室内因气候或地理位置原因湿度较大的，应安装除湿机；除湿机应对称布置在高压开关柜中段位置；除湿设备数量及参数设置应满足设备对运行环境的要求。

寒冷地区变电站应安装专用的暖通设备；主控室、二次设备室、开关室（有继电保护装置）等房间应装设暖通设备；变电站生活及水泵房等室内应装设暖通设备。暖通设备具体功能包含空调开闭控制、工作模式（自动、制冷、制热、除湿、送风）切换及温度调节；风机启停控制及检修挂牌；水泵启停控制及检修挂牌；温度、湿度、风速、雨量、水位等传感器阈值告警配置，告警方式设置。

环境监测系统就地模块包括通用就地模块、RS 485 就地模块两种。通用就地模块接入风速传感器、风向传感器、温湿度传感器、雨量传感器、水浸传感器、水位传感器等模拟量信号，接入水泵控制箱、风机控制箱等数字信号，实现信号的远传，并通过开出接点实现对水泵和风机的遥控；RS 485 就地模块接入空调数据并远传，采集空调运行信息并实现对空调的遥控。

（12）智能巡视系统。变电站配置智能巡视系统，主要由视频监控主机、视频专用硬盘、高清网络摄像机、防爆高清网络球形摄像机、可视对讲机、车辆识别器、人脸识别摄像机、巡检主机、声音采集器等组成，实现变压器运行环境、分接开关、避雷器放电计数器、呼吸器、油位表、油温表、SF_6压力表及其他表计的全面监视。

（13）作业现场安全管控系统。变电站配置作业现场安全管控系统，主要由作业管控服务器、作业管控工控机、运维台式机、智能运检工作站、AR 辅助系统、人员考勤一体机、车辆识别一体机、道闸、人脸识别摄像机、室内智能定位基站、激光区域监护系统等构成。系统实现变电站内所有人员的精确定位，在变电站全景电子地图上准确实时显示所有人员及车辆，解决变电站作业人员误入危险区、走错间隔、设备巡视不到位等安全问题，有效消除生产运行、检修维护中安全隐患，提高运维效率及管理水平。

（14）智能标签系统。变电站配置智能标签系统，主要由智能标签文件、光纤连接链路表、光缆吊牌等组成。通过对变电站光纤回路的模型建立，对变电站 SCD 文件、标签制作的 SPCD 文件进行虚实对应，将连接完成的物理路径与SCD 文件中虚回路相互对应，生成工程应用的标签文件、光纤连接链路表、光缆吊牌以及终端展示数据库文件。

智能巡视模块部署于Ⅳ区，支持 B 接口进行页面调用，可在智慧物联管控平台进行信息融合展示。

3. 通信层

（1）前置通信服务。提供电力系统常用的前置通信服务，用于获取Ⅰ区、Ⅱ区数据，并负责通过规约接入Ⅳ区的其他系统的数据。

（2）物联通信服务。提供基于MQTT协议方式的端、边设备接入服务。

（3）消息总线服务。提供基于消息总线方式的数据交互通信服务。

4. 基础服务层

（1）实时数据服务。合理使用内存、远程字典服务Redis维护一份实时数据，并通过操作应用程序编程接口API、处理平台Kafka等方式实现数据的更新与取用。根据预设的策略对数据进行计算，产生计算数据、触发事件告警。提供实时数据的监视工具。提供计算公式的编辑工具。

（2）历史数据服务。通过配置的策略，实现从实时数据库定时、动态备份数据的功能。配套提供历史数据检索、简单分析以及策略配置的功能。

（3）配置组态服务。提供对应用配置信息的管理和配置服务，提供配置组态工具。

（4）数据解析服务。实现通过对地理位置、逻辑分组、管理权责、监测点、传感器、子系统等维度的数据划分功能，对采集到的多元数据进行分组整理。并提供基础的数据趋势、同比、环比分析，提供折线图、柱状图、面积图的展示界面。

（5）图形画面服务。通过在线或离线工具的方式绘制厂站画面，用于形象地展示设备位置、系统接线、信号逻辑等信息，并提供Web接口式的画面展示调用功能。

（6）消息服务。提供统一的消息服务，提供基于API、接口、Kafka等方式的消息存储服务，并提供对外的消息调用接口服务。配套提供消息检索、简单分析的功能。

（7）视频支持服务。提供对摄像头等视频设备的接入、分发，实现流媒体转换，提供Web形式的视频调用、设备操作接口。实现视频联动的组态配置，并通过监测相关触发条件实现对目标视频信息的调用，最终对外提供视频联动服务。

（8）通信管理服务。提供对系统前置通信、物联通信、消息总线通信方式的管理和报文分析服务。

（9）区域位置服务。提供对系统内地理信息位置的管理服务，主要提供对区域—位置各层级的划分支持，用于实现对数据的分层汇聚。

（10）文件管理服务。提供系统内统一的文件上传、下载、管理服务，实现系统文件资源的统一管理，避免微服务架构下文件信息过于散乱。

（11）资源管理服务。对系统内使用的图片、配置文件、样式表、脚本文件等静态资源进行统一管理，避免重复。

（12）统一授权管理服务。提供统一的人员、账户、角色、权限、组织架构的管理与支持。

（13）报表管理服务。提供可编辑的报表设计和查看工具。

（14）设备管理服务。提供对系统内涉及的全部设备信息进行管理的功能，包括但不限于设备台账、设备实时状态、设备缺陷、设备运维。

该部分数据同时应为通信模块的组态提供数据支持。

5. 高级分析服务

（1）主设备监测服务。根据接入的主设备数据，按区域、间隔、设备、位置划分，综合遥信、遥测、控制、传感器、图形画面、数据分析、视频等主设备相关数据，采用友好直观的界面进行数据聚合展示。

变压器信息监测如图2-5所示，主设备监测服务将主设备台账等静态数据中重要信息进行展示，将Ⅰ区运行的电压、电流、负荷等信息及Ⅱ区在线感知温度、油色谱等信息进行采集并保存历史数据，绘制历史曲线图直观地展现给运维人员。同时对汇聚的数据进行综合分析及研判，给出主设备运行状态评分，便于运维辅助判断。

图2-5　变压器信息监测

（2）辅助设备监测服务。智慧变电站建设包含部署于Ⅱ区的辅助设备监控系统，实现电能质量、一次设备在线感知信息、火灾消防、安全防范系统、环境监测数据、压板监测、智能直流控制信息、照明控制信息的采集汇聚，并进行一定的数据分析，实现火灾告警、人员入侵等异常情况联动控制功能，并将Ⅱ区汇聚数据及数据分析结果传送给Ⅳ区智慧物联管控平台。辅助设备监测服务见图2-6。

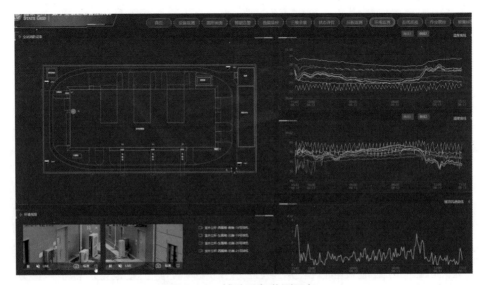

图2-6　辅助设备监测服务

Ⅱ区火灾消防报警后，应联动门禁系统紧急开门提示、确认和操作，方便火灾区域的人员逃生；开启现场灯光照明，启动现场声光报警；联动报警区域视频预置位，弹出视频监控预览窗口；支持现场空调、风机的开闭联动提示、确认和操作。

安全防范系统入侵报警联动，开启报警防区灯光照明；启动防区现场、主控室、门卫室警笛报警；联动防区视频预置位，弹出视频监控预览窗口，开启录像。

（3）数据分析服务。数据分析服务以汇聚的综合数据为基础，以设备为单位，提供同测点同类型数据比对、筛选查询、历史曲线图形显示等功能，并提供相应的展示服务。变压器数据筛选查询和光纤测温历史数据曲线如图2-7和图2-8所示。

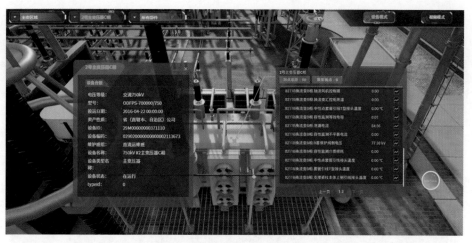

图 2-7　变压器数据筛选查询

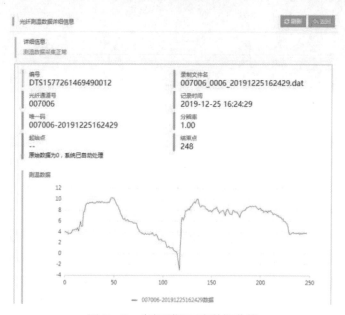

图 2-8　光纤测温历史数据曲线

（4）智能压板服务。组织智能压板主机信息，分组分析数据，提供数据接口服务，配套提供界面展示服务。

（5）消防信息服务。变电站消防专用监视单元接收区域火灾报警控制器实时火灾报警信息及消防设备（设施）运行状态信息，实现全站消防信息的统一汇聚。消防信息服务依据电压等级和地理位置对信息进行分类分组，配套提供综合展示界面服务。

消防信息服务实现全站消防信息监视，包括温度、湿度、气体、液位、压力、流速等，提升消防感知能力，提供重要信息展示界面，消防信息服务包括系统运行状态、消防水池液位、告警分类提示信息、全站消防状态、重要受控设备状态、重要消防分区图等，如图2-9所示。

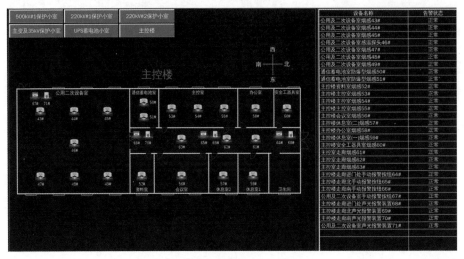

图2-9　消防信息服务

变电站内火灾报警信号产生后，通过主设备运行数据和消防监控数据的多维实时数据关联分析和历史数据对比，产生火警智能分析诊断结果，上送智慧物联管控平台，运维人员同时结合视频监控进行人工确认，为火灾快速消除和高效处置提供依据。实现火灾主动预警、主动应急、智能处置、安全预控。

（6）安防信息服务。安防信息服务接收各种报警探测器的信号，包括红外探头、对射探测器、门禁、电子围栏、声音等信号，对全站主要电气设备、关键设备安装地点以及周围环境进行全天候的状态监视和智能控制，以满足电力系统安全生产的要求的同时，满足变电站安全警卫的要求。

安防信息服务配套提供综合展示界面服务，实现自动报警并进行入侵报警联动，开启报警防区灯光照明；启动防区现场、主控室、门卫室警笛报警；联动防区视频预置位，弹出视频监控预览窗口，开启录像。安防信息服务通过监测、预警和控制三种手段，实现变电站内部关键部位的防火、防入侵、防盗窃，提高变电站安全防范水平。

（7）在线感知服务（组合电器监测、变压器监测、智能直流控制、开关柜监测）。在线感知服务汇集组合电器监测的泄漏电流及动作次数、母线电压、SF_6

微水及密度、断路器机械特性数据，变压器监测的气体含量、铁芯接地电流、夹件接地电流、变压器温度、设备运行声纹等数据，开关柜监测中开关柜温度、局部放电、机械特性、弹簧压力等数据，智能直流控制系统中站用电低电压系统泄漏电流、蓄电池电流电压、温湿度等数据信息。将汇聚的综合数据按照设备进行整合分类，提供三维及数据信息全景融合并进行全面感知展示，配套提供界面展示服务，变压器三维全景展示和变压器数据监测如图 2-10 和图 2-11 所示。

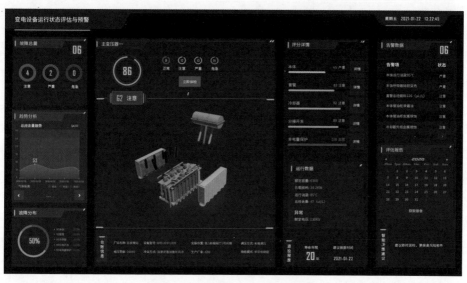

图 2-10　变压器三维全景展示

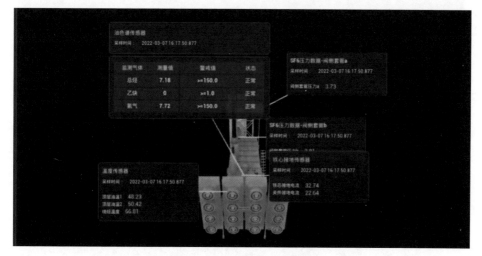

图 2-11　变压器数据监测

在线感知服务通过设备实时数据采集进行监测，支持数据图表生成及历史记录故障设备跟踪、数据处理分析等，综合变电站设备状态及运行信息，自动生成设备状态参数报表和变化趋势曲线，对设备状态的历史参数进行对比、趋势分析，实现设备状态的初步诊断和评估。

三维全景展示基于数字孪生、三维建模等技术，实现变电站内关键设备的数字化展示。融合设备台账信息、电气信息（电流、电压、开关状态等）、环境监测数据（温度、湿度、风速、雨量等）、在线监测数据等实时数据，支持基于设备相关联具体部件的三维模型展示，包括部件名称、实时数据、测点列表、状态评估数据等信息。提供良好的人机交互界面，支持放大、缩小、旋转、虚化遮挡、消息推送等功能。

（8）环境监测服务。环境监测服务汇聚温湿度传感器、水位传感器、水浸传感器、风速传感器、风向传感器、雨量传感器等信息，采用阈值分析、相关性分析等技术手段对重点区域的温湿度、声音、风速、雨量等环境参量进行评估和异常预警。自动对温湿度环境进行不间断监测和记录，记录时间间隔可根据实际情况设定。具备历史数据查询、环境变化趋势展示和异常展示，配套提供界面展示服务，环境信息展示如图 2－12 所示。环境监测服务预设自动控制策略，在变电站发生温湿度、水浸等越限时，对站内空调、风机、水泵等设备进行自动控制，调整室内温湿度、集水井水位，恢复正常后自动停止运行。支持环境数据越限告警联动，室内温湿度越限告警，联动空调（风机）启停，运行模式调节等；集水井水浸报警时联动水泵启停；室外微气象（台风、暴雨等）数据越限告警，联动弹出视频监控预览窗口。

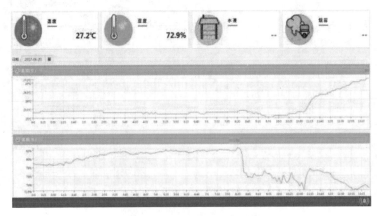

图 2－12　环境信息展示

（9）照明管控服务。照明管控服务提供对场地内照明系统的状态监测、控制、联动支持，并提供变电站内照明设施分布，配套提供综合的展示界面服务，照明状态展示和主控楼一楼照明设备布置图分别如图 2–13 和图 2–14 所示。照明管控服务提供对变电站内照明设备的状态监测，包括灯具开启状态、累计记录、异常启动、自动保护、使用年限、在线统计等。支持对变电站照明进行远程集中控制，实现感应调光，提高照明质量，延长照明设备使用寿命。发生供电故障时，支持故障告警，具备双回路供电自动切换并立即启动应急照明灯组。服务支持多系统联动功能，火灾告警发生、安防入侵告警等发生时，联动照明管控服务远程开启对应分区照明设备，节省人力，在事故发生时快速响应，可靠性高。

图 2–13　照明状态展示

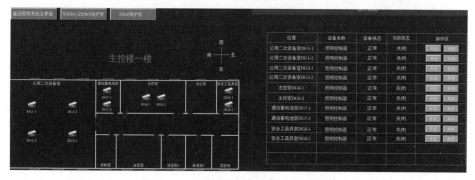

图 2–14　主控楼一楼照明设备布置图

（10）智能巡视服务。智能巡视服务对接和调用智能巡视系统的相关数据和组件，实现数据统一接入，界面有机融合。

（11）作业安全管控服务。作业管控服务对接和调用作业安全管控系统的相关数据和组件，实现数据统一接入，界面有机融合。

（12）智慧标签服务。智慧标签服务获取智慧标签的相关数据和服务，提供统一展示页面。

6. 界面交互服务

（1）运行监盘应用。提供支持运行人员集中监盘使用的页面及应用，突出显示重要指标和数据，聚焦关键系统和告警信息，呈现方便、快捷、美观的综合信息监视界面。

（2）运维管理应用。提供面向运维管理人员的集中统一页面，将系统内涉及的众多子系统的数据进行组织，扁平化层级设计，简化数据查询过程，提供友好丰富的交互界面。

变电站配置三维可视化技术，构建变电站整站级、设备级的三维可视化模型，还原设备实际结构，接入设备监测数据，实现变电站运行状态远程监视、缺陷隐患三维展示、设备故障精准研判、抢修方案快速制定、检修实施模拟操作等高级应用。

（3）大屏展示应用。针对大屏（或重要指标）展示的具体需求，定制大屏展示应用突出关键指标、分析图表、地理信息、重要告警数据等。

（4）管理组态工具。为负责系统管理维护的人员提供管理组态工具，推荐提供客户端工具，以提高组态过程的效率，配套提供 Web 版组态工具，用于应对日常少量的组态需求。

2.3 数 据 分 布

2.3.1 系统数据

系统的数据主要由三个部分组成：

（1）实时生产数据，来自 I 区。

（2）安防、消防、环境、照明、压板监测、在线感知、直流控制、站用电低压系统泄漏电流监测等子系统数据，来自 II 区。

（3）智能巡视、作业安全管控、视频、机器人、智能标签等数据，来自Ⅳ区。

2.3.2 一二次设备状态数据

（1）变压器内部运行数据。部署高频局部放电等智能传感器、摄像头及机器人等巡检设备、油色谱等在线感知装置，采集放电量、接地电流、油中溶解气体含量、本体温度、声纹特征向量等数据。

（2）断路器运行数据。部署特高频局部放电等智能传感器、摄像头及机器人等巡检设备，采集放电量、SF_6 密度及水含量、分合闸电流等数据。

（3）避雷器运行数据。部署泄漏电流在线感知传感器、摄像头及机器人等巡检设备，采集阻性电流、泄漏电流、谐波电压以及雷击次数等数据。

（4）电容型设备运行数据。部署介质损耗及电容量监测传感器，采集泄漏电流、介质损耗等数据。

（5）开关柜运行数据。部署触头测温、超声局部放电等智能监测传感器、摄像头及挂轨机器人采集局部放电量、动静触头温度、空开压板指示灯状态等数据。

（6）SCADA 监控数据。获取Ⅰ区运行监控数据，包括设备告警、保护动作信号以及电流、电压、开关位置等运行数据。

（7）二次压板监测数据。部署二次压板在线感知装置，实现压板投退实时监测、状态异常告警、操作实时提示及结果核对等功能。

2.3.3 变电站环境数据

（1）部署高清摄像头、室内移动终端等智能巡检终端设备，对站内环境实时监控与缺陷分析。

（2）部署电子围栏、声光报警器、红外对射探测器、红外双鉴探测器等装置，对变电站安防报警信息及状态信息监控。

（3）部署火灾报警控制器、探测器、报警器等监测装置，实现对变电站消防报警信息及状态信息的监控。

（4）部署环境监控装置，对室外温度、湿度、雨量、风速、风向等微气象采样数据、室内温湿度采样数据、空调工作状态、开关柜运行数据等实时监控与异常联动。

（5）部署照明控制器，实现照明设备远方遥控或就地开闭、可根据其他主

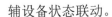

辅设备状态联动。

（6）设备室门配置可联动的门禁控制器，实现智能门禁状态管控功能。

2.3.4　作业人员数据

（1）与 PMS 或 OA 接口，获取待执行的工作票，对工作票进行智能解析，获取工作任务、工作人员、工作时间、工作区域、工作风险点等信息，为人员出入通道管控、电子围栏区域监护、人员作业到点到位督促等作业管控应用提供评判依据。

（2）与安监人员管理系统接口，获取作业人员的身份、人脸、资质、权限等信息，为人员识别、人员定位、人员评价等应用提供基础数据。

（3）增加无线超宽带脉冲技术 UWB 或北斗人员定位子系统，获取作业人员的实时定位数据和运行轨迹可上送至平台，为到点到位督查、越界告警、违章追溯、人员位置视频跟踪等应用提供核心数据。

3

智慧变电站感知设备关键技术

随着国民经济的迅猛发展，用电需求量不断增长，电气设备容量和规模日益增大，对供电的可靠性也提出了越来越高的要求。由于设备制造技术和工艺的限制，以及设备运行和维护水平的缺陷，设备故障已经成为诱发电网故障的主要因素，据统计，48.15%的供电系统事故是由设备故障引起的，大型油浸高压电力变压器是电力系统最容易发生事故的设备之一，其故障通常会影响电网运行的稳定性。如何安全、优质、经济的供电是电力系统一直面临的严峻考验，全面掌握电气设备的运行状态，保证它们的可靠运行，对提高电力系统的供电可靠性、减少变电站试验及维修成本等方面都具有十分重要的意义。

我国变电站电气设备的检测工作主要是按照《电力设备预防性试验规程》（DL/T 596—2021）的要求定期进行预防性试验，根据试验的结果来判断设备的运行状况，从而确定其是否可以继续投入运行。长期以来，坚持预防性试验对我国电力系统的安全运行起到了很大的作用，但随着电力系统的大容量化、高电压化和结构复杂化，随着工农业生产的发展和用电部门重要性的提高，对电力系统的安全可靠性指标的要求也越来越高。这种传统的试验与诊断方法已显得越来越不适应，主要表现在：

（1）试验时需停电。停电造成少送电，并对经济生活带来一定的影响。在某些情况下，由于系统运行的要求，设备无法停电，往往造成漏试或超周期试验，这就难以及时诊断出故障缺陷。

（2）试验周期长。预防性试验的周期一般为一年，一些发展较快的故障很容易在两次规定试验之间的时间内发展成为事故。

（3）试验时间集中、工作量大。预防性试验往往集中在春季，由于要在较短的时间内完成大量设备的试验任务，一则劳动强度大，二则难以对每台设备都进行十分仔细的检测和诊断。

（4）试验电压低，诊断的有效性值得研究。传统的预防性试验，试验电压一般在 10kV 以下，随着系统电压的提高，试验电压与设备运行电压之间的差距越来越大。由于试验电压低，一些一般性的缺陷不易被发现，而且试验中现场各类干扰的影响也相应加大，影响试验结果的准确性。在现场曾多次发生预防性试验合格后不久，设备就发生事故的情况。

基于以上原因，单靠传统的预防性试验已不能满足电网飞速发展的要求。为了确保电力系统的安全运行，最大限度地降低事故率，迫切需要寻求新的更加行之有效的试验检测方法。近年来，人们发现在线感知技术可以解决上述问题，具体如下：

（1）采用在线感知技术可以在运行中及时发现发展中的事故隐患，防患于未然。

（2）逐步采用在线感知代替停电试验，减少设备停电时间，节省试验费用。

（3）对老旧设备或已知有缺陷、有隐患的设备，用在线感知随时监视其运行状况，一旦发现问题及时退出，最大限度地利用其剩余寿命。

3.1　在线感知技术发展及背景

3.1.1　电气设备检修的发展史

最初阶段，变电站的设备维修主要是事后维修，事后维修就是在设备出现故障以后进行修理。当时，设备出现故障停止运转后，依靠维修人员找出原因，通过更换设备部件等方法消除故障，维修技术也相对落后，对于一些过于严重的问题就只能通过更换设备来完成。此外，在机器维修期间需要停止运行，极大地降低了工作效率。

第二阶段，采用了预防性维修方法，在电气设备数量不断增加的情况下，仍进一步提高了设备检修水平。为了保证设备的运行效率，维修人员制订了定期维修计划，根据设备以往损坏的经验，划分设备维修间隔，定期对设备进行维护。这样可以在设备出现故障前进行维护，避免了故障发生的严重性，降低

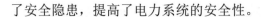

了安全隐患，提高了电力系统的安全性。

第三阶段，采用了状态检修方法，进一步保障了电力系统的正常运转。在以往的检修实施过程中，研究人员综合分析，吸取经验教训，采用了预知检测维修的方式对设备故障进行维护。电气设备出现故障前会有些征兆，研究人员去发掘这些征兆，然后记录下来，在下一次出现故障征兆时便能及时地解决问题，将设备故障消灭在萌芽状态，这种方式被称为状态检修。状态检修的实施不仅减少了维修浪费，还能够避免设备大型故障的发生，提高了设备的工作效率。

上述传统的电气设备检修方法主要途径是通过设备停电，对设备故障或隐患进行一一排查。在检修中常常会出现过度维修，浪费资源及时间，造成广大电力用户停止供电等现象。

3.1.2　在线感知技术的应用优势

通过在线感知技术，可对设备状态进行实时监测，其优点有：

（1）状态结果明确，设备正常、异常、故障时都有相应的数值范围，根据在线感知数据可以判断设备的实时运行状态。

（2）监测目标明确，对常出现的异常和故障设定阈值，由系统进行实时诊断。

（3）检修时机明确，减少了提前检修和被迫检修的现象，解决了过度维修的问题，提高了工作效率，达到了机器代人、机器减人的目的，效益明显。

3.1.3　在线感知技术的应用现状

在线感知技术对电力主设备的多状态量实时监测及分析有利于设备故障及时被发现，然而由于部分电力人员缺少对在线感知技术的了解，不能对监测设备进行合理的管理和维护，没有建立相关的管理制度。由于部分电力人员没有受到过正规的技术培训，不能熟练地进行操作管理，干扰了电力主设备实时监测功能，对在线感知技术在变电系统中的应用和发展起到了阻碍作用，对变电检修工作进行在线实时的监测以及对检修设备的运行造成了不良影响。

3.2 变压器类感知技术

3.2.1 油中溶解气体在线感知系统

3.2.1.1 背景及意义

变压器中的绝缘油主要起绝缘和散热的作用，在变压器工作过程中，由于设备内环境温度过高或者发生局部放电，变压器绝缘油中会产生一些微量气体，通常设备故障程度越高，油中溶解的气体的含量就会越高。油中溶解气体技术是利用油中溶解的特征气体的组分和含量等信息，完成检测和故障判定过程的，用于诊断电气设备故障、保证电力系统正常运转。但是该技术在实际使用过程中存在不足，如检测用时过长容易导致检测结果出现偏差；无法做到连续检测，在检测间隔时间不能获取设备运行的相关信息，无法及时发现变压器潜在故障；能够获取的数据有限，难以全面地反映变压器运行状况，所以很多故障无法排查出来。如果要真正发挥油中溶解气体分析法的特性，需要改进传统的检测方式，实时获取检测信息并及时进行数据处理，才能满足现代化电力系统的故障诊断及设备维护等方面的工作需求。

油中溶解气体在线感知技术弥补了离线分析的不足之处，成功实现对变压器运行状况的连续检测，通过获取设备实时数据，可以及时而准确地判断设备故障与否，同时对潜在故障做好防范。油中溶解气体在线感知技术摆脱了离线检测的局限性，有效保证了电气设备运行过程中的稳定性和安全性。在线监测的最大优势在于检测和诊断工作具有实时性，即特征气体的取样和气体组分及含量的分析过程都可以在电气设备运行现场完成，根据现场获取的数据信息分析设备障碍类型并及时进行处理和检修。

3.2.1.2 发展现状

目前国内外已经成功研发多种变压器油中溶解气体在线监测方法，如气相色谱法、光谱法等，都在工程应用中得到推广；也有一些在线监测方法，虽然在理论上可行，但是在实际应用过程中存在很多弊端。20 世纪 70 年代，加拿大研发出变压器故障在线感知装置 RHYDRAN 201；随后日本开发了油气分离技术，该技术的核心是高分子塑料渗透膜，应用简便、经济实用，但是检测结果的准确度较低，而且检测过程耗时过长。21 世纪初期，英国以光声光谱技术原理为基础开发出一款便携式油中气体分析装置，其检测和分析功能强大，主要原因在于该装置吸收了气相色谱仪和傅里叶变换红外光谱仪的优势功能。随着经济的发展以及科学技术水平的提高，加拿大、日本等国家和地区的在线监测技术水平不断提高，各式各样的在线油中溶解气体监测仪应用于电气设备故障检测，其中比较有代表性的是法国研发的 TGA 型在线感知仪，该仪器的探测棒中装有半导体传感器，当探测棒被放入变压器中，操作人员就可以直接获取氢气、乙炔、乙烯、一氧化碳等溶解于变压器油中的特征气体的浓度，具有操作简便、检测效率高等优势。除此以外，还有很多国家和地区开发在线监测油中溶解气体的装置，但是很多装置仅仅适用于本国电力系统，主要原因是这些产品使用的是本国语言界面，外国人使用起来操作过程繁杂。因此这些装置还需要经过检验和优化，提高用户使用的便捷性和运行的可靠性，才能够加大推广。

中国电力科学研究院和国网电力科学研究院等单位在变压器在线监测技术方面的研究也取得了一定的成就，研发的变压器 H_2 检测、变压器油色谱在线监测、铁芯接地电流检测以及变压器局部放电检测等手段，还不能实现对所有溶解在变压器绝缘油中的特征气体进行检测，因此目前我国变压器在线监测技术还没有达到全局把握变压器运行状况的水平。

为了满足人们对于供电可靠性和设备安全性的需求，需加快研发力度，以提高当前在线监测技术水平、保障故障诊断结果准确度、提高潜在故障预知能力。现阶段，变压器油中溶解气体的在线监测和设备故障诊断技术主要从以下几方面进行完善。

（1）监测气体多元化。在设备故障诊断的实际操作过程中，仅凭一种气体的浓度和变化趋势不足以判定故障类型，甚至诊断不出设备的潜在故障，因此能够获取变压器绝缘油中多种特征气体的在线监测装置可以保证故障排查的准确性和可靠性。

（2）通信方式便利化。在线监测获取的数据需要从远程终端传输到主控设备，在输送过程中需要保证数据的完整性和及时性。利用发达的网络通信技术完成在线监测的数据传输过程，将有效提高变压器故障在线监测的效率和精度。

（3）诊断方式智能化。特征气体法、三比值法和无编码比值法等故障诊断方法虽然可以对常见的变压器故障进行判定，但是上述方法对于不确定信息的处理能力有所欠缺，因此变压器的一些潜在故障很难及时识别出来。提高电气设备故障诊断方法的智能化水平，就需要不断进行技术创新，如引入神经网络、小波分析、模糊数学等方法，从而提高检测效率和故障判定结果的准确度。

（4）数据中心大型化。检测数据以文件形式进行保存不利于数据处理和分析价值的最大化，将每次检测获取的数据存储在数据库中，可以提高故障诊断的效率、保证故障判定的准确度。在线监测数据库应该包含所有用于故障气体分析的信息，如特征参数、异常数据、报警数据等，通过定期数据收集，逐步建立起规模大、时效强、效率高的数据库系统，安全可靠，便于传输，便于使用者了解变压器在任意时间点的运行状况。

3.2.1.3 基本工作原理

1. 气相色谱法

气相色谱法是马丁（A.J.P.Martin）、辛格（R.L.M.Sgnge）及詹姆斯（A.T.James）等人于 1952 年创立的。随着色谱理论、色谱技术、色谱仪器及色谱试剂的进步，特别是色谱与质谱、红外光谱、电子计算机系统联用后，色谱分析有了更加广泛的应用。我国电力系统于 20 世纪 60 年代中期开始将色谱分析技术用于电气设备的故障诊断，一直保持至今，是变压器油中溶解气体在线分析的主要方法。20 世纪 80 年代初，我国检修现场开始使用基于色谱分离技术的变压器油中溶解气体自动分析装置（由日本关西电力和三菱电机公司开发研制）；20 世纪 90 年代初，开始研制色谱在线感知装置，经过多年的探索与实践，自行开发的装置已逐步走向应用化阶段，如南京电研电力自动化股份有限公司研制的NSA301T 在线式色谱系统于近几年开始投入应用。在线式气相色谱装置一般包括载气系统、色谱柱和检测器，分析的过程主要分为 3 步：① 以高纯空气作为流动相（载气），气体样品被载气吹扫到色谱柱填充，由于样品中各组分在色谱柱中的气相和固定相间的吸附力、溶解度有差异，吸附力差的先从色谱柱流出，吸附力大的最后从色谱柱流出，所以在载气冲洗作用下，各组分在柱中得到分离，按顺序通过检测器，从而依次测出溶解气体的数值；② 对在试验中得出的油中溶解气体数据按照气相色谱故障判断法则进行综合分析判断；③ 对异常和故障的设备进行分析，提出解决方案。气相色谱法原理图如图 3－1 所示。

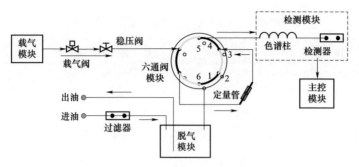

图 3-1　气相色谱法原理图

目前，国内使用的变压器油中溶解气体色谱检测法一般都能检测常规的 7 种组分气体，有的还可检测 O_2 和 N_2。某在线式油中气体色谱装置的性能指标如表 3-1 所示，技术参数如表 3-2 所示。

表 3-1　　　　　　　某在线式油中气体色谱装置的性能指标

检测参量	检测范围（μL/L）	测量误差限值	重复性误差
氢气 H_2	2～20	±2μL/L 或±30%	
	20～2000	±30%	
乙炔 C_2H_2	0.5～5	±0.5μL/L 或±30%	
	5～10	±30%	
	10～200	±20%	
甲烷 CH_4	0.5～10	±0.5μL/L 或±30%	
	10～600	±30%	
乙烷 C_2H_6	0.5～10	±0.5μL/L 或±30%	
	10～600	±30%	＜±5%
乙烯 C_2H_4	0.5～10	±0.5μL/L 或±30%	
	10～600	±30%	
一氧化碳 CO	25～100	±25μL/L 或±30%	
	100～3000	±30%	
二氧化碳 CO_2	25～100	±25μL/L 或±30%	
	100～15 000	±30%	
总烃（$C_1 + C_2$）	2～10	±2μL/L 或±30%	
	10～150	±30%	
	150～2000	±20%	

表 3-2　　　　　　　某在线式油中气体色谱装置的技术参数

电源频率	50（1±5%）Hz
交流工作电压	220（1±15%）V
功耗	全装置不大于 200W
检测周期	2h
重复性	±5%
装置寿命	6 年以上
载气更换频率	一年（按每天检测一次），自制载气模块无须更换
钢瓶载气介质	高纯空气
通信接口	光以太网通信、网口通信、RS485 通信
结构尺寸	800mm×800mm×1320mm（可定制）
正常工作温度	−40～+70℃
相对湿度	5%～100%
大气压力	80～110kPa

2. 傅里叶变换红外光谱法

在研发气相色谱变压器油中溶解气体在线感知装置的同时，国内外研究单位也开展了傅里叶变换红外光谱法油中溶解气体在线分析技术。傅里叶变换红外光谱仪大多是采用干涉仪获得吸收光谱的干涉图，然后通过傅里叶变换将其变换成光谱图。其中比较有代表性的干涉仪是迈克尔逊干涉仪，其结构原理图如图 3-2 所示。

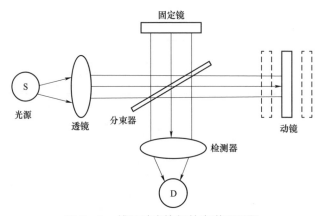

图 3-2　傅里叶变换红外光谱原理图

红外光源 S 发出的红外光，经透镜后变为平行光射向分束器，分束器将辐射束分为反射束与透射束。这两束光经固定镜和动镜反射后又回到分束器，并第 2 次经过分束器后形成干涉束，再经透镜后汇聚到检测器。这两束光的频率、振动方向相同且相位差随着动镜的移动而变化，会形成的干涉光射向样品室，透过样品的红外光经聚焦后到达检测器，即可获取每一时刻干涉光的强度。在干涉过程中，固定镜的光程是确定的，动镜的光程改变可通过调节干涉臂长度来实现。记录动镜移动过程的干涉光强度，即可得到干涉图样。检测器将得到的干涉光信号送入计算机进行傅里叶变换数学处理，把干涉图还原成光谱图。其中干涉图的表达式 $I_D(X)$ 为

$$I_D(x) = \int_{-\infty}^{\infty} RTB(v)\cos 2\pi vdv \qquad (3-1)$$

式中：R、T 分别为分束器的反射比和透射比，v 为波数，cm^{-1}，表示 1cm 长度范围内有多少个周期；$B(v)$ 为输入光束中波数为 v 的分量的强度，与红外光源的温度及检测器与光强的接触面积有关；x 为光程差，cm，由动镜和固定镜到分束器的距离决定。

和气相色谱法相比，傅里叶变换红外光谱检测方法的气体检测仪器的优点如下：

（1）不需要载气，可免维护工作。

（2）由于几乎所有有机物在红外光谱均有吸收，因此利用傅里叶变换红外光谱法可在不增加成本的情况下，检测油中的 C_3（丙烷、丙烯等）和 C_4（正丁烷、异丁烷等）气体、水汽，进一步提高变压器运行状态评估的准确性，具有良好的扩展性。

（3）傅里叶变换红外光谱气体分析仪寿命长，可连续工作十余年，不需要维修。

（4）几乎没有漂移，可靠性高。由于傅里叶变换红外光谱法采用的是相对光谱，即扫描背景与样品的吸光度光谱，采用其差值作为最终的吸收光谱图，因此可消除环境变化、器件特性变化带来的漂移，

傅里叶变换红外光谱法的缺点也很明显，具体如下：

（1）易受干扰影响。变压器油中溶解气体分析的目标组分主要是 CH_4、C_2H_6 等 7 种气体，但绝缘油的裂解是连续的，除了常规的 7 种气体外，还存在丙烷、丙烯、正丁烷、异丁烷等气体，而这些组分的分子结构与目标组分气体中的烃

类较接近，因此其吸收光谱相似性非常高，难以区分从而对目标组分气体造成影响。

（2）光谱基线容易发生漂移，甚至畸变。虽然傅里叶变换红外光谱法采用相对光谱，可消除漂移，但是现场扫描光谱时，重复清洗气室一方面需要大量背景气体（通常用 N_2），另一方面变压器油中脱离出来的气量较小，让气室中样气从背景气达到各组分气体浓度稳定状态需要多次油气分离。因此，如何处理光谱基线问题，也是这种方法的一个瓶颈。

（3）H_2 在红外光谱没有吸收，若要探测 H_2 就需要安装额外的 H_2 传感器。当然，也有变压器状态评估模型不要 H_2 浓度信息。但为了满足更多的评价需要，能提供 H_2 信息更好。

变压器油中溶解气体傅里叶变换红外光谱法在线分析仪存在光谱基线的漂移、畸变自动识别与处理问题，西安交通大学汤晓君教授针对该缺点开展了相关研究，最终解决了这些问题，开发的 YQJK 井口气远程测定仪已在中国石油天然气有限公司应用了十余年，可准确在线分析石油天然气探井过程中溶解在钻井液中的 CH_4、C_2H_6 等 7 种烷烃气体；开发的煤矿灾害气体在线分析仪可在线分析甲烷、乙烷、丙烷、异丁烷、正丁烷、乙烯、丙烯、乙炔、一氧化碳、二氧化碳等组分气体，部分组分的分辨率优于 0.2×10^{-6}。

3. 光声光谱法

光声光谱仪于 2005 年前后出现，相对于傅里叶变换红外光谱仪，其体积减小了，而且随着技术的发展，价格也有优势。光声光谱法原理图如图 3-3 所示。仪器内部的灯丝产生包括红外光谱在内的宽带辐射，通过反射镜聚焦后进入光谱声学测量模块，然后进行光源频率调制，最后经不同的滤光片后进入气室。待测气体在气室内被入射光激发后产生电力波，由微音器检测相应数值，该值就代表待测气体中所包含特征气体的浓度值。

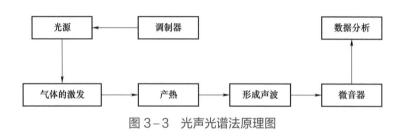

图 3-3 光声光谱法原理图

GE–Energy 公司在 2007 年生产了 Kelman Transfix 的变压器油中气体在线分析仪，该分析仪基于光声光谱原理，可检测 H_2、CO、CO_2、CH_4、C_2H_2、C_2H_4、C_2H_6 等多种气体。近年来国内外已有一些样机开始挂网运行。光声光谱在线感知系统性能指标见表 3-3。由此可看出，光声光谱法能获得良好的性能指标，测量方便快捷且稳定性较好，但是可能也存在傅里叶变换红外光谱法的一些缺点。傅里叶变换红外光谱法的干扰气影响问题等在光声光谱法中可能同样存在，只是目前应用时间有限，尚未完全暴露。因此，作为一种油中溶解气体在线感知新方法，光声光谱法还不够成熟。

表 3-3　　　　　　　某光声光谱在线感知系统性能指标　　　　　　（$\mu L/L$）

气体种类	监测范围	分辨率
H_2	5～5000	2
CO	1～50 000	2
CO_2	1～50 000	0.1
CH_4	1～50 000	0.1
C_2H_2	0.5～50 000	0.1
C_2H_4	1～50 000	0.1
C_2H_6	1～50 000	0.1

4. 拉曼光谱法

拉曼散射原理图如图 3-4 所示，即气体分子中的电子吸收入射光的光子后，由基态跃迁至虚态，而虚态不是稳定状态，一部分电子返回基态释放出光子后产生频率不变的瑞利散射光，另一部分电子返回激发态并释放光子后产生变频拉曼散射光，其频率的变化量对应着分子本身某种振动模式的基频，反映了分子内部的结构信息，与入射光的频率无关。当入射光一定时，气体产生的拉曼谱峰强度就正比于该气体的浓度。

基于拉曼散射原理的拉曼光谱法分析的过程如图 3-5 所示。将变压器油中溶解气体脱离至检测气室中，用激光光源产生的光波对气室中的待测气体进行拉曼散射作用，即可获得拉曼散射光，再由光电转换模块转化为电信号传至工控机完成存储和分析，最后由气体的拉曼光谱谱线特征建立的拉曼光谱强度与被测单位气体含量关系模型完成待测气体的定量分析。2007 年，英国萨里大学的

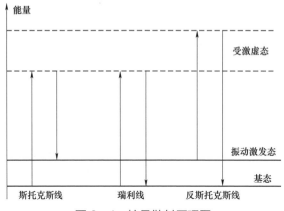

图3-4 拉曼散射原理图

Henryk Herman 等人研究了通过光谱技术和化学计量学方法实现电气设备的绝缘评估，其中包括拉曼光谱技术；2008 年，上海交通大学的李晓云、夏宇兴等人基于腔增强法建立了一套变压器油中溶解气体拉曼检测系统，初步实现了 7 种故障特征气体的拉曼光谱检测；2013 年，日本激光技术研究所的 Toshihiro Somekawa 等人提出一种基于拉曼光谱技术的变压器油中溶解气体原位检测方法。

图3-5 拉曼散射运行过程图

拉曼光谱法在气体检测分析中有着独特的优点，可使用一种频率的激光同时激发出多种气体成分的拉曼散射光谱，除了极性分子气体外，H_2 等非极性分子气体也能得到拉曼光谱，因此其扩展性能很高。但拉曼光谱法也存在一些局限，主要在于其散射截面积小，检测灵敏度不高。研究人员试图设计多种拉曼增强气室来提高其探测灵敏度，但结果不够理想。.

3.2.1.4　应用场景分析

1. 变压器故障类型

（1）放电故障。绝缘介质性能良好是保证变压器稳定运行的重要条件，而变压器局部放电会对其绝缘介质造成破坏，一般来说放电故障越严重，绝缘介质受到的破坏力就越强，变压器就越难以正常运转，使用寿命也会大打折扣。放电故障对于变压器绝缘介质的破坏情况有变压器局部放电时的电粒子损坏绝缘介质；变压器局部放电生成的某些气体元素损坏绝缘介质；变压器局部放电导致绝缘油电解进而损坏绝缘介质。如果变压器长期处于局部放电的故障状态而得不到有效处理，该故障就会引发贯通性击穿或树枝状放电，严重的话还会在变压器内部形成树枝状碳化通道，最终导致变压器使用时长明显减少。因此检测变压器放电状况保证其正常运行是当前电力系统管理过程中进行状态检修的关键环节。

（2）过热故障。过热故障类型多发于各种电力设备，而且常常带来比较大的危害，且故障的检修也比较困难，因此是电力系统维护过程中重点关注的故障类型。变压器内部出现故障点后，温度会持续上升，一定的高温导致绝缘材料发生热解，严重时还会转变成电弧性热点，极易诱发危险性事故。过热性故障的维修过程比较复杂，对发生过热故障的主变压器进行吊罩检查时，需要将设备暂停运行，因而影响了正常的供电系统，而且断电损失远远高于变压器的价值成本。

（3）绝缘油故障。变压器绝缘油的成分主要是油环烷烃、烷烃以及芳香烃等，主要作用是绝缘、冷却降温、防潮、灭弧，当绝缘油中混入气体杂质和水分后，绝缘油的耐强性就会降低，直接影响变压器的正常运行，因此绝缘油故障也是油浸式变压器常见的一种故障类型。变压器正常运行中绝缘油会发生比较缓慢的氧化反应，其耐电性能不会大幅度减弱；但当变压器线圈或铁芯出现故障，油中的烃发生化学反应生成氢气，绝缘油性能会在很短的时间内发生改变。故障产生的微量气体会溶解在变压器油中，一定浓度的特征气体会对设备的热应力、电应力以及机械应力产生影响。

（4）受潮故障。变压器受潮后会有水分进入设备内部，水分与金属铁产生反应后会生成氢气。此外，设备受潮后容易产生局部放电，进入变压器的水分会在电力作用下分解出氢气。所以变压器中就会出现水分、氢气、杂质、气隙等，它们溶解在变压器绝缘油中，干扰设备的绝缘性能。

2. 变压器故障与油中气体关系

变压器故障所产生的特征气体组分及含量不是一成不变的，而是不同的故障类型对应特定的特征气体组分及含量：过热性故障发生后，变压器内部特征气体的主要成分是甲烷和乙醇，其中甲烷的成分居多；若变压器内出现局部放电，就会生成氢气和微量甲烷，不同的放电类型还会导致一些特别气体的产生，如变压器发生火花放电，生成的气体除了氢气和甲烷以外还会包含一些乙炔，而变压器发生电弧放电，生成的气体除了氢气和甲烷以外还会包含一些乙烯；绝缘材料损坏后，特征气体中会增加一氧化碳和二氧化碳，而且随着故障点温度的持续升高，油中溶解的特征气体中上述两种气体的比重也会不断增加。

更多变压器故障与油中溶解气体关系可参考附录 A。

3. 油中溶解气体分析方法

（1）三比值法。三比值法凭借其有效性和可靠性在实际应用中被广泛应用。三比值法将溶解在绝缘油中的特征气体 C_2H_4/C_2H_6、C_2H_2/C_2H_4 和 CH_4/H_2 的浓度比值进行人为划分，即四个连续的区间：$0\sim0.1$、$0.1\sim1$、$1\sim3$、>3。每个区间都有特定的区间编码，不同的编码表示特定的故障类型。我国采用的三比值法编码规则和分析标准如表 3-4 和表 3-5 所示，此规则和国际电工委员会推荐使用的编码规则及分析标准保持一致，因此检测效果具有良好的准确度。

表 3-4　　　　　　　　三比值法编码规则

比值	按比值范围编码			说明
	C_2H_4/C_2H_6	C_2H_2/C_2H_4	CH_4/H_2	
$0\sim0.1$	0	1	0	如： C_2H_2/C_2H_4 为 $1\sim3$，编码为 2 $CH_4/H_2=1\sim3$，编码为 1 $C_2H_4/C_2H_6=1\sim3$，编码为 1
$0.1\sim1$	1	0	0	
$1\sim3$	1	2	1	
>3	2	2	2	

表 3-5　　　　　　　　三比值法分析标准

编码组合			故障类型判断	典型事例
C_2H_4/C_2H_6	C_2H_2/C_2H_4	CH_4/H_2		
0 （过热性）	0	1	低温过热（<150℃）	绝缘导线过热，注意 CO 与 CO_2 的含量及 CO_2/CO 比值
	2	0	低温过热（150～300℃）	分接开关接触不良，引线夹件螺丝松动，涡流引起铜过热，铁芯漏磁，局部短路，层间绝缘不良，铁芯多点接地等
	2	1	中温过热（300～700℃）	
	0，1，2	2	高温过热（>700℃）	
	1	0	局部放电	高温度、高含气量引起油中低能量密度局部放电

编码组合			故障类型判断	典型事例
C_2H_4/C_2H_6	C_2H_2/C_2H_4	CH_4/H_2		
1 （放电性）	0，1	0，1，2	低能放电	引线对电位未固定的部件之间连续火花放电，不同电位之间的油中火花放电或悬浮电位间的火花放电
	2	0，1，2	低能放电兼过热	
2 （严重放电性）	0，1	0，1，2	电弧放电	线圈层间匝间短路，引线对箱壳放电、线圈熔断、因环路电流引起电弧等
	2	0，1，2	电弧放电兼过热	

（2）TD 图法。TD 图法（T 表示过热，D 表示放电）是一种利用三比值法中的两个比值关系来完成故障诊断的方法，即利用 C_2H_2/C_2H_4 和 CH_4/H_2 两个比值关系构建直角坐标系，其原理是基于变压器发局部过热障碍和局部放电障碍时产生的特征气体是主要是 C_2H_4 和 C_2H_6。在图 3-6 所示的 TD 图中，按照比值关系的不同将整个坐标系分成四个区域：局部放热、电晕放电、火花放电兼过热和电弧放电。利用 TD 图能够高效、快速的判定变压器的故障类型及其发展趋势。

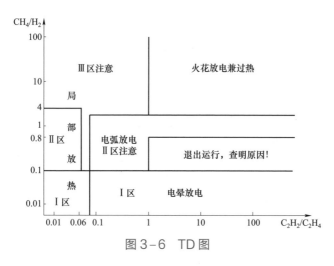

图 3-6 TD 图

（3）产气速率法。大量实际应用表明，油色谱分析法只能够对电气设备潜在故障进行判定，而无法对故障的严重程度进行准确判断，其原因是油气谱分析法是利用特征气体的绝对值数据进行故障诊断的。电气设备在单位时间内生成某特征气体的含量的平均值为该气体的绝对产气速率，其计算方法是

$$r_a = \frac{C_{i2} - C_{i1}}{\Delta t} \times \frac{G}{d} \qquad (3-2)$$

式中：r_a 为绝对产气速率，mL/h；C_{i1} 为第一次取样后检测油中气体 i 的含量，μL/L；C_{i2} 为第二次取样后检测油中气体 i 的含量，μL/L；Δt 为相邻两次检测结果时间，电气设备实际工作时长，h；G 为变压器总油量，t；d 为油的比重，T/m³。

在故障检测时往往会发生这两种现象：① 某特征气体浓度达到故障警戒值后，在很长一段时间内该气体含量不再继续增长，故障危险性显著降低；② 电气设备内部的特征气体比较少，其含量在设备故障的标准值之下，但是产气速率很高，这种情况下也很容易引发电力设备故障。上述情况说明特征气体的相对数据和绝对产气速率也是故障诊断过程中需要重视的方面。电气设备在一个月内增加的特征气体含量占原特征气体含量的百分比的平均值为该电力设备相对产气速率的大小，其计算方法是

$$r_r = \frac{C_{i2} - C_{i1}}{C_{i1}} \times \frac{1}{\Delta t} \times 100\% \qquad (3-3)$$

式中：r_r 为相对产气速率，%/月；C_{i1} 为第一次取样后检测油中气体 i 的含量，μL/L；C_{i2} 为第二次取样后检测油中气体 i 的含量，μL/L；Δt 为在相邻两次取样检测期间，被检测设备的实际运行的时间长度，月。

对比绝对产气速率和相对产气速率的计算方法可以得出结论：因为绝对产气速率的计算方法并未将特征气体的逸散损失考虑在内，所以相对产气速率的大小对于变压器检测和故障诊断来说就显得尤为必要；相对产气速率的计算方法比较简单，根据两次检测出的气体组分及其含量多少就可以判定故障类型并预测其发展趋势。如果变压器相对产气速率超过 10%，就表示设备故障，工作人员需要进行设备维护。

3.2.2 局部放电在线感知系统

3.2.2.1 背景及意义

大型电力变压器是电力系统中的重要设备之一，据统计，在我国 110kV 及以上电压等级的大型变压器事故中，约 50% 是绝缘事故，而且基本上都是在正常工作电压下损坏。变压器的内绝缘结构主要是油纸绝缘，变压器在工作电压下的局部放电是油纸绝缘老化并发展到击穿的主要因素。油纸绝缘中的局部放电往往是从其中的气泡、杂质、导体表面的毛刺及油隙等处开始。变压器绝缘

产生气泡的主要原因为变压器绝缘结构和制造工艺缺陷，如在变压器固体结构中由于浸渍不善而残留气泡或局部电场过高，绝缘油在高电场作用下析出气体，局部过热使固体和液体分解产生气体等；变压器在长期运行过程中发生绝缘材料老化、劣化，如绝缘受潮，其中的水分在过热点汽化成气泡或水分，在高电场作用下电解产生气泡。由此可见，局部放电既是变压器绝缘劣化的征兆，又是变压器绝缘劣化的原因。因此，测量局部放电能有效发现变压器内部绝缘的固有缺陷和因长期运行使绝缘老化而产生的局部隐患。

局部放电的检测结果能够提前反映电力变压器内部运行工况和绝缘状态，能够及时发现变压器内部绝缘可能存在的安全隐患或缺陷，便于工作人员采取有针对性的处理措施，预防潜伏性、突发性恶劣事故的发生。目前，无论是科研机构、高校、制造厂商，还是电力系统中的运行维护管理各部门，均尤为关心高压电气设备局部放电检测技术的发展，并结合各种电气设备的实际功能特性将局部放电检测技术作为衡量电气设备运行工况状态评估的重要技术指标。《高电压试验技术　局部放电测量》（GB/T 7354—2018）、《电力设备局部放电现场测量导则》（DL/T 417—2019）等相关技术规范标准中，给出了局部放电测量原理、方法以及各类高压电气设备允许放电量的限值指标，并作为电力变压器投运前必须完成的试验项目之一。加强对电力变压器绝缘性能的在线实时监测，充分了解变压器内部运行工况状态，及时掌握变压器内部状态发展趋势，对保证变压器乃至整个电力系统的安全稳定运行性能，都具有非常重大的意义。

3.2.2.2　发展现状

由于局部放电的检测能够很好地反映高压电气设备内部绝缘的运行工况状态，因此国内外很多专家学者都对高压电气设备的局部放电做了非常多的研究，并取得了许多研究成果。早在 20 世纪 50 年代，国外许多专家学者就相继展开了高压电气设备局部放电的理论、模型等研究，并结合传感器技术、通信技术等研发了许多能够检测变压器局部放电工况的在线装置，并在实践工程应用中获得了较为良好的应用效果。日本于 1983 年自主研发了一套电力变压器局部放电在线感知系统，并成功应用到东京电力公司的一台变压器上。加拿大魁北克省水电局于 1986 年自主研发了高压电气设备绝缘自动监测仪，并成功应用到单相电力变压器中，主要用于检测电力变压器绝缘油中气体的组成成分和线路过电压，并结合工控主机实现检测数据的在线分析，如发现电力变压器内部绝缘发生劣化并超过限制时发出警报信号，提醒相关人员及时进行故障处理，避免故障扩大成恶劣的事故。1996 年，德国研制了局部放电监测系统，主要利用空心罗氏线圈套来测量高压电气设备的高频电流，并经过滤、放大等电路，得到局部放电的电容信号和电感信号，实现对电气设备局部放电高频电流信号的采集、分析，为传统的脉冲电流局部放电测量方法。挪威 Transi NorAs 公司的 Schei 自主研发了一套超声波绝缘分析仪，主要针对电气设备内部的移动微粒、固定微粒、突出物等引起的局部放电，不仅能够对局部放电进行检测，同时还能对局部放电部位进行定位和形式进行识别。采用超声波法检测变压器局部放电，在工程中已有多年的应用历史，目前工程中主要有挪威电力科学研究院自主研发的 AIA 超声局放探测仪、美国 UE 公司自主研发的 Ultraprobe 9000/Ultraprobe 10 000 等。

传统脉冲电流法、化学反应法、光测法以及超声波检测法等，存在信号传输衰减快、初始定位困难、灵敏度不高等不足，大部分超声波检测系统的结构较为复杂。而超高频检测法由于其突出的抗干扰能力、高灵敏度、高定位精度等优势，逐渐成为近年来变压器局部放电检测技术的热门研究对象。荷兰 KEMA 实验室专家 Rutgers、Rijn 等人的研究结果表明，变压器绝缘油中局部放电能产生 1GHz 以上的超高频电磁波，并通过在变压器上加装 300～1200MHz 的特高频（Ultra High Frequency，UHF）天线，证实了应用特高频法进行变压器内部局部放电检测的可行性。另外，英国 Strathclyde 大学、德国 Stuttgart 大学、德国 SiemensAG 公司、法国 ALSTOM 输配电研究中心、瑞士 ABB 公司等也组织了大量人力、物力、财力积极参与到高压电气设备超高频法检测、分析、定位、诊断的研究中，在很大程度上加速了超高频局部放电检测技术在电力系统中的应用发展。

国内对高压电气设备局部放电在线感知技术的研究相对较晚，但从 20 世纪 90 年代开始，我国在局部放电在线感知方面也取得了较多的研究成果和实践应用装置系统。20 世纪 90 年代初，清华大学电机系自主研制了变压器局部放电在线感知微机控制模块，能够采集到局部放电的脉冲电流信号和声发射信号；上海第二工业大学和上海科技大学联合成功研发了射频监测系统仪器，该系统装置的成功研制为我国高压电气设备局部放电在线感知系统开发提供了新的技术手段。此后，国内的科学研究机构和高校，如武汉高压研究所、重庆大学输配电装备及系统安全与新技术国家重点实验室、华北电力大学、华南理工大学也大力开始对高压电气设备局部放电在线感知技术的研究，并获得了相应的优秀研究成果：西安交通大学研究开发了基于集成模块结构的局部放电在线感知系统，利用相关集成功能模块分块实现局部放电信号采集、传输、运算分析以及局部放电特征信号量的提取；清华大学高胜友等建立了能够对 5 种典型曲线进行在线监测、分析、定位、模式识别的局部放电在线感知装置；北京兴迪仪器有限责任公司研制的 AE900 故障测试仪，在 10 年的时间内，已向 500 多家电力系统的发、输、供、用电部门提供了先进的局部放电在线测试技术及仪器；宁波理工自主研制的 IPDM2000T 电力变压器局部放电在线感知系统，综合了先进的特高频内置传感器设计、结构优化布置技术等，实现超高速信号采集、传输和处理，并设置了多种综合分析判断功能，能够对缺陷类型及模式进行自动定位识别、历史运行数据分析、发展趋势与状况自评估等功能。

3.2.2.3 基本工作原理

电力变压器在运行过程中，长期处于额定工作电压下，其内部电、磁、热环境较为复杂，加上超高压、特高压电网的建设，变压器在工程中需求越来越大，其内部绝缘系统所承受的电场强度也随着不断增大，在变压器内部绝缘薄弱部位发生局部放电的可能性大大增加。虽然局部放电通常具有瞬时特性，时间很短，但其危害性非常大，轻则引起绝缘出现放电痕迹，重则可能受到放电质点的直接轰击引起局部绝缘破坏，同时局部放电不断加强进入不断恶化的循环。另外，局部放电过程中产生的热、一氧化氮等活性气体，在电、磁、热等复杂环境中，经相应化学作用对绝缘材料产生腐蚀老化，引起绝缘材料电导增加，最终出现电击穿、热击穿等绝缘故障。变压器内部绝缘局部放电的检测，主要以局部放电过程中所产生的现象和特征参数作为依据，通过对特征量的采集、传输、分析以对局部放电现象进行定性分析，来表征和反映变压器局部放电的状态。变压器局部放电过程中会产生一系列的光、声、电和机械振动等物理现象和化学变化，表现为产生脉冲电流、气体生成物、光、超声波、电磁波和能量损耗等现象。根据不同的表征特性和检测量性质，可采用高频脉冲电流检测法、气相色谱化学检测法、光检测法、超声波检测法和特高频检测法等。局部放电检测体系如图 3-7 所示。

局部放电检测方法很多，目前主要采用脉冲电流法和超声波检测法。二者除传感器不同外，基本测量原理是相同的，局部放电检测原理图如图 3-8 所示。

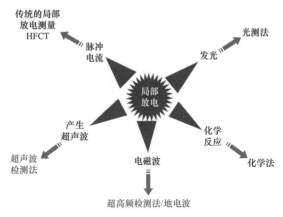

图 3-7　局部放电检测体系图

图 3-8　局部放电检测原理图

1. 脉冲电流法

脉冲电流法是传统高频局部放电测量，主要检测脉冲电流信号的低频部分，其带宽只有数 kHz 至数百 kHz。变压器脉冲电流局放监测系统主要通过检测阻抗来采集变压器套管末屏接地线、外壳接地线、铁芯接地线等部位产生局部放电时引起的脉冲电流信号值，并从中提取出视在放电量、放电相位、放电重复率等特征表征量，以便运行维护人员对变压器局部放电现象的准确掌握。脉冲电流法是电力变压器研究和应用较早、较完善的检测方法之一，且《高电压试验技术　局部放电测量》（GB/T 7354—2018）《电力设备局部放电现场测量导则》（DL/T 417—2019）等相关规范标准还针对其制定了专门的测试指标和测量导则。但脉冲电流法存在检测灵敏度不高、模式识别困难等问题，其检测灵敏度随试品电容的增加出现下降趋势，且在实验室内的测量精度极限最高位 $1000C$（C 为所检测试品的电容量），如果对大容量电容器进行测试分析时，则其灵敏度下降较大甚至会出现无法进行检测的问题。另外，脉冲电流法的测试频率较低、频带也较窄，检测范围仅满足频带小于 1MHz 的频带区域，检测信息覆盖

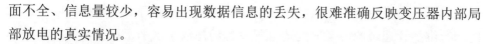

面不全、信息量较少，容易出现数据信息的丢失，很难准确反映变压器内部局部放电的真实情况。

2. 超声波检测法

电力变压器内部发生局部放电时，会伴随存在超声波能量的释放。变压器局部放电超声波检测法是利用安装在变压器外壳上的超声波传感器，来检测变压器内部缺陷引起放电时电子间相互碰撞产生的超声波信号。由于超声波检测法将超声波传感器安装在设备外壳，对变压器的运行没有任何影响，可对运行中的变压器内部运行工况进行在线感知，同时不受变压器内部复杂的电、磁、热等干扰，便于对局部缺陷的准确定位。工程中常用的超声波传感器主要包括加速度超声波传感器和声发射超声波传感器两种，典型的超声波传感器其频带宽为 50～200kHz，其检测频带也较窄。另外，超声波检测法的灵敏度不仅取决于局部放电所产生的能量，同时还受传播途径、频率、速度等相关特征参数的影响。因此，超声波检测法通常只能对变压器内部是否存在局部放电现象进行定性判断，难以进行定量的缺陷故障识别，工程中通常作为辅助检测法来帮助其他检测法，对局部放电现象进行更为详细地评估诊断。

3. 超高频检测法

利用变压器内部局部放电过程中产生的超高频（300～3000MHz）电信号，通过超高频传感器加以耦合接收，实现局部放电超高频电信号的检测和定位，同时具有较强的抗干扰性能，克服了常规脉冲电流检测法测量频率较低、频带较窄的不足，能够较为全面地反映变压器内部局部放电过程中的表征参数特性。超高频检测法近年来在 GIS、变压器、电缆、电机等局部放电检测领域得到广泛的应用，尤其与超声波检测技术相结合的联合检测，可以实现优势互补，定位可以精确到厘米级，具有非常广阔的应用前景。

3.2.2.4 应用场景分析

变压器通常采用油浸式绝缘结构，主要由油、纸、纸板以及其他一些固体绝缘材料共同组成。由于这些绝缘材料的介电系数不同，加上在设计、生产制造、运输、后期运行维护等环境中造成气泡、杂质等进入到变压器内部绝缘系统中，就会造成绝缘系统各部位的电场强度分布不均匀，在油隙、空气隙、金属表面毛刺、金属尖角、棱角等一些局部区域出现电场过于集中问题，引起局部放电现象发生，最终引起变压器内部绝缘系统发生击穿。局部放电问题不可避免，因此就需要根据高压电气设备自身的功能特性以及相关的运行维护管理经验，合理设置电气设备局部放电水平指标值，当局部放电水平低于此指标值时，对设备没有严格意义上的损坏，而一旦放电量超过该指标值时，则需要针对局部放电相关特征参数监控值，采取有针对性的防范处理措施，确保变压器内部绝缘系统长期维持在良好的运行工况环境中。在工程实践应用中，通常将视在放电量作为评估变压器内部局部放电水平的技术指标。

　　由于引起局部放电的因素较多，为了简化运算，假定实际放电量就是当变压器内部介质出现局部放电时引起的电荷量移动大小。由于电荷在介质内部处于时刻移动状态，因此在检测过程中，实际放电量是很难准确测量的。但放电量又是评估局部放电强度的重要指标，于是此处对视在放电量进行研究。局部放电会引起电荷的移动，由此引起局部放电部位介质上的电压发生降低 ΔU_c，相应电容 C_b 上电压将上升同样的电压 ΔU_c。介质电压降低和电容电压上升的转换过程是由电荷增量 q 引起，此处将该电荷增量简化认为就是介质的视在放电量，该值是可以通过相关仪器进行实时测量的。在给介质试验回路两端增加一个瞬时电荷 q 时，可以在测试仪器中发现该测试电荷在试验回路中产生一个额外的脉冲变动，试验介质获得的额外电荷即可简单认为就是介质中的视在放电电荷，相应其电量就是视在放电量。视在放电量 q_a 要比实际放电量 q_c 小。

　　变压器内部发生局部放电后，必然会引起能量的消耗，在能量消耗过程中势必会引起介质的劣化，因此放电量 w 也是评估局部放电强度的衡量指标之一，其具体的函数表达为

$$w = 0.7qu_i \tag{3-4}$$

式中：q 为放电过程中的视在放电量；u_i 为放电过程中的起始电压的有效值。

　　当放电起始电压 u_i 为一固定值时，则放电电量与视在放电量 q 间成正比例关系。通过对放电过程起始电压 u_i 和视在放电量 q 的检测，就可以通过式（3-4）计算出设备局部放电的强度，通过与预设阈值比较，制定合理的防治措施，确保变压器运行具有较高的安全可靠性和节能经济性。

　　局部放电位分布谱图是一种平面点分布图，点的横坐标为相位、纵坐标为幅值，点的累积颜色深度表示此处放电脉冲的密度。根据点的分布情况可判

断信号主要集中的相位、幅值及放电次数情况，并根据点的分布特征来对放电类型进行判断。局部放电位分布谱图如图3-9所示，根据设定条件进行存储，可利用谱图库对存储的数字信号进行分析诊断，给出局部放电缺陷类型诊断结果。

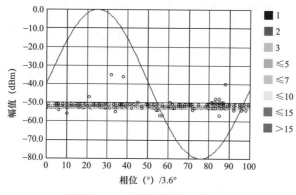

图3-9 局部放电位分布谱图

3.2.3 铁芯接地电流在线感知系统

3.2.3.1 概述

变压器正常运行时，绕组周围存在着交变的磁场，由于电磁感应的作用，高压绕组与低压绕组之间、低压绕组与铁芯之间、铁芯与外壳之间都存在寄生电容，带电绕组将通过寄生电容的耦合作用，使铁芯对地产生悬浮电位。由于铁芯及其他金属构件与绕组的距离不同，使各构件之间存在电位差，当两点之间的电位差达到能够击穿其间的绝缘时，便产生火花放电。这种放电是断续的，长期下去对变压器绝缘油和固体绝缘都有不良影响。为了消除这种现象，把铁芯与外壳可靠地连接起来，使两者等电位。但当铁芯或其他金属构件有两点或多点接地时，接地点就会形成闭合回路，造成环流，引起局部过热，导致绝缘油分解，绝缘性能下降，严重时会使铁芯硅钢片烧坏，造成主变压器重大事故。

变压器铁芯接地的故障原因有很多，如图3-10所示，综合其特征可以概括的分为以下几种类型：

（1）箱中存在异物：不慎落入的金属丝，如铜丝，焊条等；在变压器制造过程中，焊渣清理得不彻底，在变压器运行时在油流的作用下，杂质堆积在一起，形成短路；潜油泵轴承磨损，金属粉末沉积箱底，受电磁力影响形成小桥，使铁轭与垫脚或箱底接通。

（2）芯碰壳或夹件：铁芯夹件的支板距离芯柱太近，铁芯下夹件与铁轭间的纸板脱落，造成垫脚与硅钢片相碰。

（3）底座纸板受潮：下夹件与铁轭阶梯间木垫受潮或表面附有大量水分使其绝缘破坏；铁芯下夹件与铁轭间的纸板脱落，造成变压器进水，使纸板受潮，形成短路。

（4）安装或检修过程中疏漏：安装完工后未将变压器油箱顶盖上运输用的定位钉翻转或拆除。

图 3-10　变压器铁芯接地的故障原因

变压器铁芯接地的预防和处理如下：

（1）预防为主，防检结合。建议变压器安装和检修单位利用变压器安装和大修时的吊罩机会，一是对未做绝缘处理的铁芯接地连接片进行包扎处理；二是把外引接地线引至运行中便于测量处，定期检测铁芯接地电流，一般在 0.5A 左右或更小。

（2）加强变压器正常监督，将电气试验的绝缘电阻测量和定期气相色谱分析结合起来，一旦判断为过热性故障，首先应测量铁芯接地电流，并加强色谱的跟踪分析。

（3）对于已经发生故障可以即时停运的变压器，可以采用电容放电法、大电流冲击法、吊罩法进行检查，确定故障点。

（4）变压器铁芯发生接地故障后，若变压器立即停电查找有困难，可采取临时措施坚持运行。对接地电流大的情况应临时串入一个滑线电阻，将电流限制在 1A 以下，降低铁芯发热程度，防止故障的扩大。但在此期间应加强色谱的跟踪分析和接地电流的测量。

变压器铁芯多点接地故障在运行中时有发生影响电网的安全稳定运行，必须引起制造厂和检修运行单位的高度重视。只有超前预防，严格执行行业要求，加强电气试验监督，做好早期诊断工作，并针对具体故障特征进行综合分析判断，采取针对性的解决方案，以便将故障损失控制在最低限度，确保变压器安全运行。

3.2.3.2　基本工作原理

正常运行的变压器铁芯是单点接地的，其结构原理图见图 3-11。此时流过铁芯接地线中的电流是由于高、低压绕组对铁芯存在的电容造成的。对于三相变压器，如果三相电压完全对称，理论上流过铁芯接地线的电流为零，但实测电流值一般在几毫安到几十毫安之间；对于单相运行的变压器（如 500kV 变压器），由于绕组与铁芯之间的电容值很小（一般在几千皮法），阻抗很大，计算和实际测试表明，该电流值也在几十毫安以下。

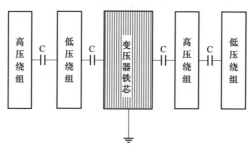

图 3-11　结构原理图

但是，铁芯一旦出线多点接地时，接地导线、铁芯本体、变压器外壳以及大地形成闭合回路，铁芯中的主磁通和漏磁通就会在该闭合回路中感应出环流，感应环流原理图见图 3-12。

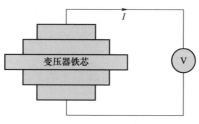

图 3-12　感应环流原理图

感应环流的大小与感应电动势的大小以及回路的总阻抗有关，准确计算回路的电流和感应电动势比较复杂，近似计算可认为回路铰链的磁通最大为流过铁芯的总磁通的 1/2，这样回路感应出的电压恰好为绕组匝电压的 1/2。目前我国生产的变压器的磁密为 1.7～1.75T，根据变压器的铁芯几何结构，可以计算得出大容量的变压器其匝电压值接近 300V，故铁芯接地回路中感应出的电压值在 150V 以下，如果忽略大地和接地点的电阻，则整个回路的电阻主要是由变压器铁芯本体造成的，而铁芯是由涂有漆膜的硅钢片叠装而成，硅钢片的电阻与漆膜相比很小，实际上铁芯电阻主要是由漆膜造成的，其电阻值在几欧到上百欧姆之间，因此在该接地回路中最大可出现几十安的电流。从上述的分析可知，铁芯在单点和多点接地两种情况下，流过接地线中的电流值相差较大，因此，通过监测铁芯接地线电流可有效发现多点接地故障。

铁芯接地电流在线感知系统参数及指标，如表 3-6 所示，该系统具备就地计算及显示功能、实时监测及报警功能、支持多种信号传输方式功能等。

表 3-6　　　　　　　　铁芯接地电流在线感知系统参数及指标

设备名称和项目	监测参数	测量范围	测量精度
变压器	铁芯或夹件电流	1mA～10A	±（标准读数×1%＋0.1mA）
	系统频率	50Hz	
设备外壳	316 不锈钢或标准 1U19 英寸机箱		
工作环境	温度-30～80℃		
测量方式	实时同步测量技术		
上位软件	B/S 和 C/S 相结合		
通信方式	RS 485、光纤、无线、模拟量及硬接点		
智能通信组件（选配）	支持 modbus 或 IEC 61850 规约		

3.2.3.3　应用场景

变压器是传递电能的主要部件，是输变电系统的关键设备，其运行状态直接影响电力系统的可靠性和安全性。变压器在运行中一旦出现故障，将会对电力系统造成严重的后果，因此，需要使用铁芯接地电流在线感知系统实时对变压器进行铁芯接地带电电流检测，预防故障发生。

当变压器带电运行时，不会在铁芯内形成电流回路，因此接地电流很小，一般在数十毫安之内；当多点接地时，铁芯主磁通周围相当于有短路匝的情况存在，接地线上电流会明显增大，而流过的环流大小决定于故障发生点与正常接地点的相对位置，通过测量变压器铁芯外引接地线上电流的大小，可有效判断变压器铁芯是否存在多点接地现象。

当变压器铁芯接地电流检测结果受环境及检测方法的影响较大时，可通过历次试验结果进行综合比较，根据其变化趋势做出判断。数据分析还需综合考虑设备历史运行状况、同类型设备参考数据，同时结合其他带电检测试验结果，如油色谱试验、红外精确测温及高频局部放电检测等手段进行综合分析；接地电流大于 100mA 时应考虑铁芯（夹件）存在多点接地故障，必要时串接限流电阻；当怀疑有铁芯多点间歇性接地时，可辅以在线监测装置进行连续检测。

3.2.4 套管绝缘在线感知系统

3.2.4.1 概述

套管运行时长期受温度、雷击及内部过电压的作用，绝缘会逐步老化，导致内部产生微弱放电（称为局部放电），如果不采取措施，它会逐步扩大而导致设备绝缘击穿。传统停电检查绝缘的方法每年对每一台设备都需要停电一次或两次，试验电压通常为 10kV，以此确定绝缘的好坏及设备能否继续投入运行。对套管绝缘实施在线感知，一方面可及早发现和排除故障，避免发生爆炸，健全变压器的安全运行预警系统；另一方面，可对套管绝缘介质损耗与等值电容进行统计并实现数据远传，从而有效及时地检测变压器套管内部缺陷，尤其是阀体受潮、内部元件老化等。

在线感知能利用运行电压对高压设备绝缘状况进行试验，可以大大提高试验的真实性与灵敏度，弥补仅靠定期离线检测的不足。随着电子测试技术的进步以及管理水平的提高，对电气设备健康状况的判断和维护，已经从预防性检修逐步向状态检修和预知检修的方向发展。在众多的电气设备中，容性设备（如电压互感器、变压器套管、耦合电容器等）绝缘状况在线感知主要基于对其电容量、介质损耗值（tanδ）和绝缘电阻的监测。

电气设备绝缘在线感知与诊断是建立在电气绝缘在各种应力及运行环境下的老化机理基础上，找到能灵敏反映绝缘当前状况及其变化趋势的物理或逻辑参量，确定相应的测量方法，分析、拟定老化标准和判据，从而获得关于绝缘状态的重要信息。电气设备绝缘在线感知根据被测对象的不同，不仅有对电气参数的测量，还包括对机械、化学、物理等方面非电参数的测量，并且可能具有更高的灵敏度和可操作性，值得注意的是，一些测量方法也正在相互渗透和融合，更有利于现代智能诊断理论的全面分析。随着许多新技术的引入和实际应用，高压设备绝缘在线感知技术方面的研究尚大有潜力可挖，发展前景十分乐观。在信号的监测与处理方面，高精度传感器技术、计算机硬件技术与数字信号处理技术的迅速发展为解决现场数据采集与处理中的抗干扰与稳定性问题带来了新的机遇，也可以为后面进行准确的故障诊断打下坚实的基础。

3.2.4.2 基本工作原理

套管是将载流导体引入变压器或断路器等电气设备的金属箱内或母线穿过墙壁时的引线绝缘。瓷套管以瓷作为主要绝缘，电容套管、充油套管则以瓷套作为外绝缘。套管表面电压分布很不均匀，在中间法兰边缘处电场十分集中，极易从此处开始电晕及滑闪放电。同时，法兰和导杆间的电场也很强，绝缘介质易被击穿。套管由于表面有电位降，可以想象沿着此表面有单元电容 C_s 的串联。同时这个单元电容层对套管导体还存在有互相并联的单元体积电容 C_v，因为这里同样存在有一个电压降，其他电容相对较小，因此有等效电路。

1. 介质损耗因数监测方法

测量介质损耗因数主要通过硬件和软件两种途径实现。

（1）硬件方法。过零比较法和西林电桥法是最早应用在介质损耗因数测量中的，在前端信号滤波效果很好的情况下，可以达到较高的精度和分辨率。

1）过零比较法：根据电压、电流信号过零点的时间差，或电压、电流归一化后过零点附近两信号幅值差获得信号的相角差。

优点：原理简单、易于实现、测量分辨率高、线性度好。

缺点：对过零点的要求极高，易受硬件的影响，比较器的零点漂移会造成过零点不准，从而带来测量误差，硬件通道延时等对测量精确度的影响也较大。另外，采用高速计数器计数会增加装置的复杂。

2）西林电桥法：交流电桥配以合适的标准电容，在高压下测量材料和设备的电容值及介质损耗角。

优点：在前端信号滤波效果很好的情况下，可以达到较高的精度和分辨率。

缺点：硬件处理环节过多，对硬件要求太高，在测量过程中受电磁干扰、谐波干扰等十分明显，会造成较大的误差和分散性。

（2）软件方法。目前可行的测量介质损耗因数的方法多为软件方法，软件方法一方面可以减少硬件线路设计的难度和复杂性；另一方面则能利用算法固有的精确性来提高计算结果的精度。

1）正弦波参数法：该算法用基波去逼近信号，将基波幅值看成变量，基波频率看成常量，高次谐波看成干扰，根据最小二乘法或三角函数的正交性来获得介质损耗角。

优点：该方法原理简单、实现容易、计算量小。

缺点：需要获得基波信号的频率，另外，正弦波参数法应用了三角函数正交性，当满足正交性且满足整数倍条件时才成立。因此，应用正弦波参数法时，需要相应的硬件同步采样卡。

2）高阶正弦拟合法：该方法是非同步采样条件下测量介质损耗因数的算法，考虑实测数据可能包含直流和谐波分量，所以它以直流分量幅值、基波频率、基波和谐波分量的幅值和初相角为优化对象，用高阶正弦模型来拟合采样数据。

优点：在一定程度上解决了非同步采样的问题。

缺点：采用最小二乘拟合法在多数情况下并不能获得问题的全局最优解，同时，高阶正弦拟合法实际上是一种迭代的数值计算方法，即使进行简化该算法的计算量仍然很大，只适用于在工控机上完成计算，而无法用于单片机或微处理器系统。

3）相关系数法：利用自相关函数和互相关函数经过一定的算式计算介质损耗角。

优点：只要求整周期采样，未具体要求采样点数。可以简化硬件设计，并且可以较好地解决快速傅里叶变换在非整周期采样时的频谱泄漏问题。

缺点：对前置的带通滤波器有较高的要求，在非整周期采样时容易产生较大误差。

2. 泄漏电流和电容量的测量

泄漏电流一般也会用来作为在线感知电容型设备，它可以发现一些尚未完全贯通的集中性缺陷。然而测试现场环境复杂，强电磁场交互作用，从而使测试信号极易受到强电场的干扰，导致测试结果不准确。套管末屏电流信号很小，通常在毫安甚至微安级别，传统的电流传感器无法满足要求，而无源传感器相位偏差很大，本书选择采用有源零磁通电流传感器。在安装方式上，选择穿芯式结构。设计选择 BCT－2 传感器，该传感器集成度高，具有温度补偿功能，而且材料上采用的是莫合金，具有深度负反馈功能，可以对采集信号进行补偿。因此要求信号采集和传输设备具有较高的稳定性和抗干扰性。电容量的测量是根据泄漏电流和采集的母线电压换算得到的。国内泄漏电流和电容量在线感知装置数据准确、稳定，可以满足现场需要。

3. 技术参数及指标

套管绝缘在线感知技术参数及指标如表 3－7 所示。

表 3－7　　　　　　　　　套管绝缘在线感知技术参数及指标

序号	参数名称		单位	标准参数值
1	传感器			穿芯式有源零磁通传感器
2	泄漏电流	测量范围	mA	0.1～500
		分辨率	μA	100
		测量误差		±0.5%或±100μA
3	介质损耗	测量范围	%	0.1～30
		分辨率	%	0.1
		测量绝对误差	%	0.1
4	电容量	测量范围	pF	50～50 000
		分辨率	pF	50
		测量误差		±1%或±50pF
5	采样周期		min	≤5
6	测量内容			泄漏电流
				介质损耗
				电容量

3.2.4.3　应用场景

套管的表面电压分布很不均匀，在中间法兰边缘处十分密集，若末屏接触不良则很容易从此开始电晕及滑闪放电。另外，由于高压套管的制造工艺的原因以及设备老化等的影响，在运行中可能发生套管内部电容屏击穿从而产生贯穿性的导电通道，使套管出现裂纹，严重时还可能出现套管爆炸的恶性事故。任何电介质在电压作用下都会发生介质损耗，同时伴随着温度上升，导致绝缘材料老化。若介质温度过高，就会出现绝缘材料融化和烧焦的现象，进而使材料失去绝缘作用引发热击穿现象。由此可见，介质损耗对容性设备的绝缘水平起到决定性作用。电容电压 U_c 与电阻电压分量 U_r 构成了介质的电压，一般绝缘性好的介质，$U_c > U_r$。

（1）套管接地不良。在进行介质损耗测试时，仪器接地不良常会产生较大误差。因此，在测试过程中应将介质损耗仪可靠接地；如附近接地引下线表面有油漆等，应用锉刀将表面油漆清除后再接地，保证接地良好；测试结果有异常时，也可在仪器上多接一个接地点，排除地网引下线接地不良干扰。此外，在测量套管介质损耗时，要保证被测绕组两端短接，非测量绕组短路接地，这种接地方式可防止因绕组电感与电容串联后引起的电压与电流相角差改变，减小试验造成的误差。

（2）套管表面脏污、潮湿引起。套管表面脏污、潮湿会导致介质损耗明显偏大，影响试验人员的判断。一般情况下进行清洁后介损值会明显下降。

（3）套管绝缘渗水、受潮。电容型套管电容芯子是由多层电容串联而成，最外层即套管末屏，通常情况下，末屏运行中应可靠接地，并防止受潮。若套管密封性不好就很容易引起渗水、受潮，水分侵蚀电容芯子将破坏原有的绝缘性能，造成变压器介质损耗超标，久而久之恶性循环，就会导致套管绝缘性能越来越低，甚至逐层击穿电容屏。

（4）套管末屏接地不良。由套管的结构可知，末屏是套管绝缘最薄弱的地方，也是最容易损坏的地方，套管末屏与电压抽头（若有）需接地可靠牢固，并方便试验。统计表明，末屏接地不良是造成事故的主要原因，一般是接地不良产生悬浮电位造成末屏端部靠近接地法兰处出现较高电压，形成放电，随着时间推移，放电逐步发展导致绝缘越来越差，甚至使整个绝缘结构损坏。

（5）套管一次导电杆接触不良。通常导电杆与套管将军帽之间接触不良，造成接触电阻过大，会导致介质损耗测试时阻性分量过大，进而导致介质损耗超标。

3.2.5　振动在线感知系统

3.2.5.1　概述

变压器的振动是由变压器本体（铁芯、绕组等的统称）的振动及冷却装置的振动引起的。绕组和铁芯故障是变压器常见的故障之一，其油箱表面的振动情况与绕组及铁芯的压紧状况、位移及变形状态密切相关。冷却装置（风扇、油泵等）的振动频谱集中在 100Hz 以下，与变压器本体的振动特性明显不同，可以比较容易地从变压器振动信号中分辨出来。变压器本体的振动主要来源于：

（1）硅钢片的磁致伸缩引起的铁芯振动。铁芯励磁时，沿磁力线方向硅钢片的尺寸要增加，而垂直于磁力线方向硅钢片的尺寸要缩小，这种尺寸的变化称为磁致伸缩。磁致伸缩使得铁芯随着励磁频率的变化而周期性地振动。

（2）硅钢片接缝处和叠片之间存在着因漏磁而产生的电磁吸引力，从而引起铁芯的振动。

（3）电流通过绕组时，在绕组间、线饼间、线匝间产生动态电磁力引起绕组的振动。

（4）漏磁引起油箱壁（包括磁屏蔽等）的振动。

由于绕组的振动是由负载电流产生的漏磁引起的，在变压器处于额定工作磁通（通常为 1.5～1.8T）时，铁芯的振动远大于绕组的振动，此时可忽略绕组的振动，则变压器本体振动主要取决于铁芯的振动，而铁芯的振动主要取决于铁芯硅钢片的磁致伸缩。

用振动法监测变压器绕组和铁芯的状况可以追溯到 20 世纪 80 年代中期，美国、俄罗斯和加拿大等几个国家在试验室中对利用振动信号监测绕组和铁芯的状态进行了初步研究。

近年来，由于振动法监测铁芯和绕组的方法越来越受到人们的重视，国内外学者在这方面做了大量的研究，这些研究可以归纳为以下两个方面：

（1）将监测到的振动数据进行不同的研究讨论和分析。利用传感器、数据采集卡以及计算机组建振动测试系统，对监测到的振动数据进行研究。

（2）通过建立数学模型来研究变压器的运行状况。根据影响变压器振动的因素，将这些因素转化为各个参数组建一个数学模型，从而根据这个数学模型来研究变压器的振动状况。

在我国，振动法监测变压器的起步较晚，目前仅有少数几个高校进行这方面的研究，这些研究也大致分为两个方面：

（1）对变压器在各种工况下运行的振动数据进行研究和分析，进而来研究它们之间的关系。

（2）从噪声的方面来研究变压器的振动。由于在运行中的变压器的振动会产生噪声，因此，可以从噪声的角度来研究变压器的振动。

3.2.5.2 基本工作原理

变压器在稳定运行时，铁芯由于硅钢片的磁致伸缩引起振动，绕组在负载电流的电场力作用下也会产生振动，绕组和铁芯的振动通过变压器绝缘介质传递到器身（图 3-13 为变压器振动传递图），引起器身的振动。因此，变压器器身表面的振动与变压器绕组及铁芯的压紧状况、绕组的位移及变形密切相关，变压器表面的振动信号能够直接有效地反映出变压器运行过

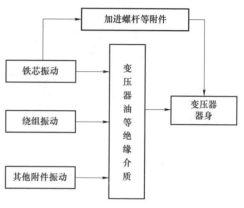

图 3-13　变压器振动传递图

程中铁芯和绕组的状况。此外，因为变压器器身各处的振动特征与距离最近的振源关系最紧密，根据变压器器身各处测取的振动信号改变的程度，可方便地判断出是哪一部分绕组或铁芯发生了故障，即利用振动监测法可以实现变压器的故障定位。

在变压器运行时，压紧力的变化、温度的升高、绝缘层的损伤都能通过铁芯振动的变化反映出来；而当绕组发生变形、不对称度增加等时，绕组的振动也会发生改变，也就是说绕组的故障也能够通过其振动的变化反映出来（特别是当绕组振动频率接近固有频率达到共振时，变压器振动得到加强）。所以，通过变压器的振动来监测变压器铁芯和绕组的状况是可行的。

振动监测是一种体外监测技术，通过安装在正在运行的设备表面的一个或多个振动传感器来获取振动信号，然后将振动信号经过时域或频域等分析处理，获得信号的特征信息，再通过一定的诊断方法获得设备的工作状况。振动监测以其安装简单、监测灵敏、在线感知时整个测量系统与电力系统无电气连接安全可靠等特点，克服了传统方法的不足，在监测变压器的绕组和铁芯的状况上表现出良好的发展前景。

振动监测参数及指标如表 3-8 所示，具备体积小，等电位绝缘安装，不降低电气设备的安全性能；金属外壳设计，形成电屏蔽，在强电磁场下稳定运行；高速采样，实时监测，快速反应等功能。

表 3-8 振动监测参数及指标

序号	项目	参数
1	测量范围（峰-峰值）	0.1～400μm
2	监测误差	＜10%
3	振动加速度测量范围	-10～10g
4	加速度监测误差	＜10%
5	频率响应	5～3000Hz
6	频率响应误差	＜±5%
7	传感器灵敏度	100～500mV/g

3.2.5.3 应用场景

1. 铁芯故障振动分析

磁致伸缩效应如图 3-14 所示，铁芯的磁致伸缩效应随温度的变化很明显，也就是说当铁芯温度改变时，其磁致伸缩效应也会有很显著的变化。

铁芯多点接地是变压器铁芯的常见故障。当变压器铁芯发生多点

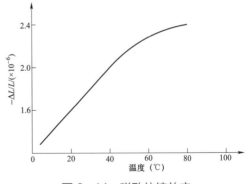

图 3-14 磁致伸缩效应

接地时，铁芯的温度会快速升高。在磁场强度等影响因素不变时，铁芯温度的快速升高将会导致铁芯磁致伸缩效应的加强，进而使铁芯的振动变大。而变压器正常运行时，可以近似认为运行电压是稳定的、铁芯的温度变化也不是很大，所以铁芯的磁致伸缩效应也几乎不变，因此由磁致伸缩引起的铁芯振动也基本不变。所以，当铁芯发生多点接地时，其温度的变化会直接反应在铁芯振动的改变上，也就是说通过监测变压器铁芯的振动信号，可以发现铁芯多点接地故障。

2. 绕组故障振动分析

绕组发生变形和匝间短路是变压器绕组最常见的故障。当变压器绕组发生

形变时，其抗短路能力会急剧下降，使变压器存在安全隐患，其振动会变大。当变压器发生匝间短路时，短路相电流会明显增大，由前面分析的绕组振动与电流之间的关系可知，绕组振动也相应会加强。

当三相变压器某相负载出现断路故障时，此时该相负载电流为零，原边电流也很小，因此该相绕组振动会变小。

由上面的分析可知，当变压器发生负载开路故障时，其振动会变小，而绕组发生变形和匝间短路时，其振动都会发生改变。因此，如果单纯地从振动幅度上来判断，是无法区分到底发生了哪种故障。考虑变压器绕组发生匝间短路时，其电流会发生改变。因此可以在运用振动判别的基础上结合绕组电流来将二者区分开，振动分析流程如图 3-15 所示。

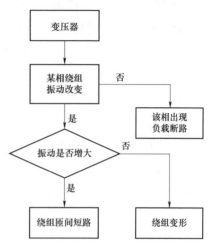

图 3-15　振动分析流程

3. 变压器振动故障诊断方法

电力变压器铁芯或绕组发生位移、松动或变形时，相对于正常状态下的振动信号，这时测得振动信号会有高频成分出现，原来一些频率处的幅值也会发生变化，并且铁芯或绕组位移、松动或变形越严重，出现的高频成分越多。变压器铁芯或绕组发生故障时，振动信号的能量分布也会发生变化。综上所述，有以下诊断铁芯或绕组是否发生故障的方法：

（1）将测量得到的时域波形与正常状态下的时域波形相比较，若某处幅值出现明显的增加或抖动，说明变压器有异常状况出现。

（2）将得到的振动信号进行快速傅里叶变换，得到其幅频特性曲线。在振动信号的幅频特性曲线上，相对于正常状态下的振动信号，主频或谐波分量幅值若出现明显变化，则可以认为绕组或铁芯可能存在故障。

（3）对得到的振动信号进行快速傅里叶变换，求出其主频的幅值，用该幅值除以正常状态下的振动信号主频幅值，得到系数 k，根据 k 的大小判断变压器工作状态。若 $k \geqslant 0.9$，则绕组或铁芯没有故障，压紧状况很好；若 $0.8 \leqslant k < 0.9$，则绕组或铁芯状况较为良好，但应引起注意；若 $k < 0.8$，则说明绕组或铁芯发生了故障，应及时退出运行进行检修。

3.2.6 绕组光纤在线感知系统

3.2.6.1 概述

近年来，为了降低变压器噪声和防范油流带电的隐患，自然油循环冷却技术大量应用。采用自然油循环技术的变压器在运行中会导致铜油温差增大。如果仍以油面温度为预警参数实时保护已不能适应运行需要。必须以变压器线圈温度来控制变压器的安全运行。

一直以来，大型变压器绕组的热设计主要是计算变压器绕组对油的平均温升。要得到绕组热点温升只能由经验得来的公式来估计。随着用户对变压器安全运行要求的提高，基于线圈平均温升的热设计已不能保证变压器的可靠性。因为绕组最热点部位局部绝缘结构因过热而导致的老化有可能发展成为在整个变压器的损坏，所以变压器的安全、经济运行和使用寿命就主要取决于变压器绕组最热点温度。因此准确监测变压器绕组热点温度成为保证变压器安全、经济运行的保证。

光纤测温技术在变压器上的应用先驱是一家美国公司的创始人威克西姆（K.A.Wickersheim）博士，他在 1979 年完成第一代荧光光纤测温仪研制工作。接着瑞典 SAEA 公司、日本 omron 公司和美国著名的贝尔实验室等都展开这方面的研究。威克西姆博士和孙（M.H.Sun）博士于 1985 年研制出第二代荧光光纤测温仪，并广泛应用于新生产的变压器和对既有变压器的改造升级中。国内对光纤测温技术的研究起步较晚，近几年来逐渐受到重视，许多的变压器生产企业和电力部门也引进了该技术。

3.2.6.2 基本工作原理

1. 热模拟测量法

变压器绕组本身是一个带电体，采用传统电学传感器直接测量绕组温度难以处理绝缘问题，特别对于高压、超高压等级的绕组，用这种测量方法本身就存在一定的安全隐患。基于热模拟测量法的绕组温度计是把变压器顶部油的温度以及工作时的电流反映的温度综合以后，获得一个能够反映绕组温度的模拟值，但它并不是绕组真实温度，测量结果并不准确。温度指示仪表显示的温度值一部分来自变压器内油层温度直接测量值，另一部分是由变压器工作时的负载电流经由电阻发热元件产生的一部分热量。热模拟原理图如图 3－16所示。

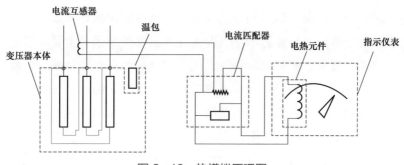

图 3-16　热模拟原理图

2. 间接计算测量法

间接计算测量法是依据假定的变压器热学模型，通过计算绕组温度升高变化的公式来获得绕组的热点温度。这种测量方式操作比较简单，且安全性高，但得到的结果只能表征温度值，并不是变压器运行的真实温度值，因而不能准确判断变压器的实际工作状态。对于 220kV 以上高压油浸变压器，冷却系统的方法是强油循环，但油的热容比与绕组的热容比差别较大。所以由于热量传输不均匀的影响，当绕组温度达到一定高温时，油温由于热传输的影响，温度远远低于绕组的温度，因此以油顶层温度来标定绕组温度的方法不精准，且具有滞后性、不直观的缺点。

3. 直接测量法

直接测量方法是将光纤温度传感器直接安装在油浸式变压器内部，温度探头置于绕组附近或者直接接触绕组，由于光纤温度传感器自身具备良好的绝缘、耐高压和抗电磁干扰的特性，可在变压器内部恶劣的工作条件下实现对绕组热点温度安全、及时、精确地测量，给电力系统提供直接、动态、真实的监控信息。

（1）荧光光纤温度传感技术。当荧光物质受到某种方式的激励后，电子从高能量状态到低能量状态的跃迁过程中会发出荧光。受激发产生荧光的强度会随着时间慢慢减弱，荧光光强度衰减曲线图如图 3-17 所示，当荧光强度从受激发后产生的光强减少至原来光强的 1/e 时，这个过程所经

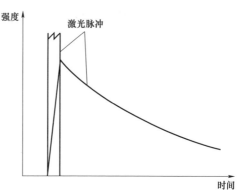

图 3-17　荧光光强度衰减曲线图

历的时间即为荧光寿命。通过测量荧光寿命，就可以得到外界温度。当温度升高时，荧光衰变时间常数随之减小。荧光光纤温度传感系统主要包括光源及解调单元，滤光、反射、透射光学系统，光路耦合及光纤传输系统，温度传感器和信号探测，数据处理系统，中央处理单元，温度数字显示系统等部分组成。考虑到激发光效率、反向散射光收集能力以及荧光比较弱等因素，需要采用大芯径和大数值孔径的光纤，一般为芯径大于 $200\mu m$ 的硬质石英特种光纤、玻璃光纤束或塑料材质光纤等，以便有效激发荧光粉和高效接收荧光。采用粘接的方法将荧光材料可靠胶结到光纤端面。

荧光光纤温度传感器具有传感器尺寸小、工艺简单、测量结果不受光强影响的优点，但同时也存在以下缺点：

1）传感器感温性能的长期可靠性由荧光粉本身性能决定，用于温度传感的特制荧光粉开发难度大。

2）高温条件下，荧光材料的工作寿命会减短，寿命测量精度偏差较大，温度精度较差。

3）需采用特种塑料光纤或者大芯径光纤，传感器设计成本较高。

4）寿命测量的原理本质上是基于强度信息获得，实际应用中受光强影响。

5）互换性差。

（2）砷化镓光纤温度传感技术。砷化镓用于温度传感的依据主要是光通过砷化镓材料时，有一部分光会被强烈吸收，使光产生明显的衰减现象，并以此为前提进行测温。砷化镓作为直接带隙半导体材料，在发生光吸收时存在明显的吸收边，随着温度的升高，砷化镓晶体吸收光谱的吸收边波长随之向长波长的方向漂移，这一特性是砷化镓用于温度测量的理论依据。根据砷化镓吸收边波长随温度变化的特性，构建砷化镓测温模型，通过该模型可以解调出不同温度下砷化镓的反射光谱数据。

砷化镓光纤温度传感技术测温具有以下特点：

1）传感材料为微型砷化镓感温芯片，芯片性能稳定，可靠性高，因此传感器可以长时间工作。

2）传感器体积小，只有几个毫米。

3）芯片材料一致性好，传感器互换性好。

4）温度解析采用光谱分析方法，光源、传输效率、耦合程度、光纤弯折等强度相关参量的变化不影响测量结果。

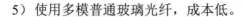

5）使用多模普通玻璃光纤，成本低。

3.2.6.3 应用场景分析

变压器绕组温度决定变压器的使用寿命，对于 A 级绝缘的变压器温度，每增加 6℃，变压器绝缘老化速度增加一倍，变压器的使用寿命减少一半。绕组过热老化现象往往发生在绕组最热点并极可能发展为变压器损坏，严重影响变压器的安全经济运行，这使得仅仅通过监控顶层油温来保证变压器的安全运行有许多不足。大容量变压器顶层温度明显滞后于绕组温度，当变压器负载快速增加时，由于热传递速度的原因，顶层油温要 4h 后才能反映绕组的温度变化，此时再控制冷却器的动作已为时过晚。

由于采用强迫油循环技术的变压器往往会伴随变压器噪声大和油流带电隐患，因此自然油循环技术在近年来得到了大量推广应用，但采用自然油循环技术的变压器在运行中产生一种新的工况：铜油温差明显增大。如果仍以油面温度为报警参数实施保护已不能适应运行需要，必须以变压器绕组热点温度来控制变压器的安全运行。光纤测温技术可实时监测变压器绕组热点温度的变化，能使输送容量提高至额定值，提高变压器的经济价值。

3.3 GIS 类 感 知 技 术

3.3.1 局部放电在线感知系统

3.3.1.1 背景及意义

气体绝缘封闭开关设备（gas insulated switchgear，GIS）中几乎所有的开断、测量及过电压防护装置均密封在压力容器中，设备内部几乎不受大气的影响，而且使用的气体介质绝缘性能和灭弧性能优良，因此具有运行可靠高、维护工作小、检修周期较长等特点。然而作为电力系统中运行的重要设备，一旦 GIS 发生故障，将会影响电力系统的正常供电，造成巨大的经济损失和不良的社会影响。

GIS 发生事故的主要原因有制造中出现一定毛刺、安装中部件出现松动、内部有金属杂质、绝缘子表面出现污秽或内部具有缺陷等。当出现这些问题时，在高压环境下，设备内部常表现为局部放电，在不同程度且长期放电存在的条件下，其潜在的缺陷导致了放电不断发生，设备绝缘性能也将跟着逐步劣化且扩大，最终导致整个设备绝缘环境被击穿，从而导致设备故障并停电，造成巨大损失。

随着传感器技术、数据采集技术、信息处理和控制技术等高新技术地迅速发展，监测与诊断技术有了一定的技术条件，国内外不断地在高压设备上开展在线感知技术，同时各科研机构和企业也不断研制出在线感知装置。然而，尽管局部放电在线感知装置已部分投入运行，但整个领域还处于研究起步阶段，且现场实际数据需要更多年经验累积，因此对监测与诊断技术需要更进一步的提高和完善。

3.3.1.2　发展现状

采用超高频法检测气体绝缘组合开关设备中局部放电产生的特高频信号是在 20 世纪 80 年代初期由英国中央电力局开发出来的，该方法由 Scottish Power 于 1986 年最先引进并应用于英国的 Torness 变电站 420kV GIS 设备上。Torness 变电站的多年运行经验验证了该方法的可行性，并得到了人们的认可。与其他局部放电检测方法相比，特高频法具有灵敏度高、抗干扰能力强、可识别故障类型及进行定位等优点，成为近 20 年来的研究热点之一。

特高频传感器是特高频局部放电在线感知系统的关键，用来检测 GIS 中由局部放电所激发的频率为 300MHz～3GHz 的电磁谐振波，通常它要具备抑制低频（300MHz 以下）干扰的能力。特高频传感器根据安装方式可分为内置式和外置式两种。内置传感器可获得较高的灵敏度（目前英国新制造的 GIS 均要求加装内置传感器），但对制造安装的要求较高，特别是对早期设计制造的 GIS 安装内置传感器通常是不可行的，这时只能选择外置传感器。相对于内置传感器，外置传感器的灵敏度要差一些，但安装灵活、不影响系统的运行、安全性较高，因而也得到了较为广泛的应用。对于内置及外置传感器，都有一些需要注意的问题。对内置传感器的基本要求是不应损害 GIS 的可靠运行，无论是使气体发生泄漏还是使内部场强增加都可能导致绝缘击穿；对于外置传感器，选择合适的检测位置是确保检测灵敏度的关键。

在局部放电在发生的过程中会产生声、光、电等多种信号，特高频法主要检测局部放电中的超高频电磁波，该信号在 GIS 中的传播是一个非常复杂的过程。系统地建模和分析对于理解局部放电的本质、开发先进的检测技术都具有重要的意义。GIS 中电磁波的谐振模式很复杂，目前一般可近似地用传输线模型来研究 GIS 中的局部放电信号传输特性。电磁波在 GIS 中的传播形式不是单一的，既有横向电磁场波，又有横向电场波及横向磁场波。此外，还可用反射和传输系数来表示每个 GIS 部件，并由此推算出特高频传感器的位置。还有学者研究了较宽频率范围内 GIS 部件对电磁波传播特性的影响，指出在低频500MHz 以下，绝缘子孔上的连接有电磁屏蔽的效果；对于 500MHz～1.2GHz 的高频，由于连接闩的电感和绝缘子孔的电容发生并联谐振，故电磁波很容易辐射出来；增加绝缘子的厚度会减弱屏蔽效果，增加电磁波的辐射；对于 1.2GHz 以上的高频，由于连接闩的阻抗较大，故有无连接闩时的频谱很相似；1.5GHz 以上的电磁波主要通过外壳辐射，而不是由绝缘子上的孔辐射到外面。这些研究结论对于采用特高频法检测局放来说都非常重要，但还有很多需进一步验证的问题。目前我国学者对电磁波在 GIS 内部的传输特性已做了不少研究工作，但很多 GIS 出厂时没有安装内置传感器，只能采用外置传感器进行检测，因此研究电磁波在 GIS 外部的传输特性也非常重要。

3.3.1.3 基本工作原理

以 SF_6 作为绝缘介质的 GIS 的局部放电会在外壳上产生微弱的电流，使接地线上有高频放电脉冲流过；局部放电还会使通道气体压力骤增，在 GIS 内部气体中产生纵波或超声波，并在金属外壳上出现各种声波；局部放电还会导致 SF_6 气体分解或发光，这些物理和化学变化特征都可用于检测局部放电。

1. 超声信号传感法

GIS 发生局部放电时分子间剧烈碰撞并在瞬间形成一种压力，产生超声波脉冲，类型包括纵波、横波和表面波。不同的电气设备、环境条件和绝缘状况产生的声波频谱都不相同。GIS 中沿 SF_6 气体传播的只有纵波，这种超声纵波以某种速度和球面波的形式向四面传播。由于超声波的波长较短，方向性较强，能量较为集中，可以通过设置在外壁的压敏传感器收集超声放电信号并对信号进行分析。

将超声传感器吸放在 GIS 外壳上，检测内部局部放电所产生的超声信号。局部放电超声信号传感器具有以下特点：

（1）声传感，容易克服电磁干扰的影响。

（2）声信号的衰减和时差，容易实现局部放电定位。

（3）根据超声信号的波形特征、频谱特征和传播衰减等特征进行故障诊断。

（4）GIS 体外传感，仪器简单，使用方便。

（5）微小局部放电的超声信号比较弱，超声信号传播路径上衰减比较快，

因此在很多情况下超声传感的检测灵敏度比较低。

（6）超声传感器的有效检测范围小，检测点多，检测效率低，完成一个较大规模 GIS 变电站的检测可能需要数天时间，超声传感不适用于自动在线感知系统。

2. 特高频电磁波信号传感法

在 GIS 发生局部放电时，伴随着一个很陡地电流脉冲并向周围辐射电磁波。电磁波传播时，不仅以横向电磁（Transverse Electromagnetic，TEM）波形式传播，而且还会建立高次横向电场（Transverse Electric，TE）波和横向磁场（Transverse Magnetic，TM）波。TEM 波为非色散波，频率越快衰减越快。TE 波和 TM 波则只有当信号频率高于截止频率时，电磁波才能传播。GIS 的同轴结构相当于一个良好的波导，信号在其内部传播时衰减很小，有利于局部放电检测。超高频法就是利用传感器接收局部放电所激发的电磁波，并对电磁波进行分析的一种方法。

局部放电特高频电磁波信号传感法采用耦合天线，在特高频频段传感 GIS 局部放电所产生的脉冲电磁波信号。GIS 局部放电特高频信号传感由英国格拉斯哥的 Strathclyde 大学首先提出和研究，在检测灵敏度和抗干扰能力方面显示了良好的特性，是目前 GIS 局部放电在线监测的主导传感方法。局部放电特高频信号传感具有以下特点：

（1）避开了电网中主要的电磁干扰频段，具有良好的抗电磁干扰能力。

（2）局部放电的电磁信号传感能够实现良好的检测灵敏度。

（3）根据电磁脉冲信号的衰减和时差，可进行局部放电定位。

（4）根据放电脉冲的波形特征和特高频信号的频谱特征，可进行故障诊断。

（5）有效检测范围大，检测点少，检测效率高，适用于自动在线感知。

3.3.1.4　应用场景分析

局部放电监测是非破坏性的监测，通过监测能反映出高压电气设备制造和安装的"清洁度"；能发现绝缘中的薄弱环节，防止工艺和安装过程中的缺陷、差错，并能确定放电位置，从而进行有效的处理，确保设备投运后安全运行。在设备运行过程中，通过局部放电在线感知技术，能够及时发现设备运行中的绝缘缺陷，立即安排停电检修。GIS 设备在加工、运输及现场装配过程中不可避免地会存在绝缘缺陷而影响其可靠性。这类缺陷主要包括电极表面突出物、自由导电微粒、绝缘子表面微粒及固体绝缘内部缺陷（如气泡）等，它们在电

场作用下产生局部放电，最终可能导致绝缘损坏。

GIS 设备常见的局部放电原因有以下几种：

（1）设备中固体绝缘材料内部的缺陷，如支撑绝缘子制造工艺不良，内部有气泡；生产工艺过程中残存在盆式绝缘子内部或导体交界处的间隙，这种小间隙可能是制造时留下的，也可能是运行中的热胀冷缩造成的，在这些小间隙处易发生表面放电。

（2）设备内残留的自由导电微粒，如金属碎屑或金属颗粒是较为普遍的一种缺陷，一般是由于制造、安装等原因造成的。

（3）设备中的导体（电极）表面存在突出物，有毛刺、刮伤，或安装欠佳，出现有尖锐边缘的台阶。导体有毛刺、尖角等这种缺陷易发生电晕放电，在稳定的运行电压下一般不会引发绝缘击穿，但在冲击电压下会导致绝缘击穿。

（4）浇注绝缘体的气泡、裂纹等缺陷。

（5）设备内的导体接触不良、导体安装不牢固，螺丝有松动等。

（6）绝缘体与导体的交界面上存在气隙。

3.3.2 SF$_6$气体三合一在线感知系统

3.3.2.1 背景及意义

在高压开关设备制造和运行过程中，设备内 SF$_6$ 新气中含有一定水分；在设备安装、解体检修和充气、补气时，因工艺过程中的疏漏，气室和管阀内会留有水分；开关工件加工和操作中的失误等造成密封失严，SF$_6$ 气体向外泄漏，因外部水分压远高于气室中气体的水分压，外部水分会向气室内反向渗入，造成 SF$_6$ 气体在密度下降的同时含水量上升。

SF$_6$ 气体中含有超标的水分后，在一些金属物的参与下，在 200℃ 以上温度时可使 SF$_6$ 发生水解反应，生成活泼的氢氟酸（HF）和有毒的 SOF$_2$、SO$_2$F$_2$、SF$_4$ 和 SOF$_4$ 等低价硫氟化物，在高温电弧的作用下，还将分解产生温室气体之一的二氧化硫（SO$_2$）和氢氟酸（HF）。它们将腐蚀绝缘件和金属部件，并产生热量从而导致气室内气体压力的危险升高，断路器耐压强度和开断容量下降，严重情况下将导致断路器爆炸，引起电网事故，形成环保灾害。为了保证 SF$_6$ 电气设备的可靠运行，提高电力系统连续可靠运行能力，对其性能实现在线状态检测、监测与故障预测，已成为 SF$_6$ 电气设备应用中重要研究方向；同时，随着无人值守变电站对遥控、遥测的要求，在线感知 SF$_6$ 电气设备中 SF$_6$ 气体密度值和内部微水含量具有非常重要的实际应用价值。

3.3.2.2 发展现状

目前，普遍采用一种机械式 SF_6 气体密度继电器来监测 SF_6 气体密度，即当 SF_6 电气设备发生漏气时，该继电器能够报警及闭锁，同时还能显示现场密度值。但用 SF_6 气体密度继电器存在以下缺陷：

（1） SF_6 电气设备发生漏气时，只有当气体压力下降到报警值时，才发出报警信号，而此时 SF_6 气体已经泄漏了很多。如额定压力为 0.6MPa 的 SF_6 电气设备，普遍采用报警压力为 0.52MPa、闭锁压力为 0.50MPa 的密度继电器。对于无人值守变电站而言，如果发生了漏气，只有气体从额定压力 0.6MPa 下降到报警压力 0.52MPa 时，值班人员才会发现，并通知检修人员去现场处理泄漏事故，而此时 SF_6 气体已经泄漏了很多。

（2） SF_6 气体密度继电器触点一般采用游丝型磁助式电接点，其触点闭合时，闭合力很小，接触闭合不够牢靠。最重要的是，在受到氧化或污染时，常发生电接点接触不良的现象，造成失效，产生严重后果。

对于微水监测，目前普遍采用离线方法测量微水含量（主要采用便携式露点仪进行现场检测），它存在以下缺陷：

（1）属于非实时检测手段。目前，运维人员一般一年 2 次采用露点仪检测 SF_6 电气设备中的 SF_6 气体微水含量，这是一种非实时的定期检测方法，它不能反映设备运行的变化趋势，也无法对 SF_6 气体微水含量的变化趋势进行预测，无法掌握电气设备的运行状况，不能及时预防和排除安全隐患，无法按智能化设备状态检修标准，准确评价、判断设备状况，难以实现电气设备的状态检修。

（2）测量受环境温度限制。便携式露点仪的工作环境温度为 $-10\sim+50℃$。但不同的环境温度，对测量误差的影响是不同的，且北方的冬季和南方的夏季不适宜做现场的 SF_6 气体微水含量测试。

（3）费时、费事、费气。采用便携式露点仪测试时需长时间排放 SF_6 气体，这是由于取样管路含有湿气，测量时，在前 $3\sim5min$ 需要吹干取样管路。为了能够测试到 SF_6 电气设备内部的 SF_6 气体微水含量，就需要把一定量的 SF_6 气体排放出来，通常一个完整准确的测试周期需 $10\sim15min$。按标准取样气体流量，即 $30\sim40L/h$ 计算，一次测试需要排放 SF_6 气体约 8L。那么，在完成几次测试后就需要补充 SF_6 气体。

（4）检测成本高昂。为完成检测工作需配备检验人员、设备、车辆和高价

值的 SF_6 气体。粗略计算，每个变电站的每年分摊的检测费用为数万到十几万元。

（5）危害现场工作人员健康，污染大气。SF_6 气体自身为无毒、无害气体，但经过高温反应后会生成一些有毒、有害气体，对人身体有极大的危害。而且 SF_6 气体是一种温室气体，不能直接排入大气中。

近年来国内还开展了微水在线感知的研制和应用，但微水传感器探头不能安装到设备气室内部，只能通过三通接头安装在 SF_6 电气设备的本体的补气口上，致使传感器所在位置的微水含量不等于 SF_6 电气设备主气室内实际的含水量，造成微水传感器测得的微水值与实际产生很大偏差，失去了在线感知的意义，影响了该微水在线测量的推广。

3.3.2.3 基本工作原理

对 SF_6 电气设备气室进行微水在线测量一直是个难题，由于高压电气设备气室是一个密封的系统，其静止气体中的水气扩散是个非常缓慢的过程，加之主气室与采样点的温度差异会产生不同的水分迁移，两种因素会使湿度难以达到平衡，最终导致主气室与采样点的水分差异很大，所以传统的微水在线测量存在测量不准及不能真实地反映主气室湿度等问题。SF_6 三合一在线感知技术由主机，气体循环机构，气体循环控制单元，密度、温度、微水采集单元，后台软件及扩展构件组成。主机和采集单元之间通过电缆连接。采集单元通过三通阀门与被监控的设备相连，同时提供设备补气口，采集单元内部的采样池也采用了内循环技术，可实时测量设备内 SF_6 的内部微水、密度和温度等相关参数，实现实时显示及与主机的通信和数据交换。主机在分时提取了各个采集单元的数据后，将数据上传至后台计算机处理，同时可接受后台的指令，实现实时采样等动作。

在检测系统中，传感器是关键，尤其是微水传感器。采用高分子薄膜电容技术的微水传感器，该传感器具有高精度、高灵敏、高稳定性等特点。其原理是：当所监测的气体中的水分子通过高分子薄膜时，其介电常数会发生变化，导致电容会发生变化，并且 SF_6 气体中水分的体积分数变化与电容值的变化呈正相关线性关系，通过抗干扰能力非常强的高频电路进行信号处理，得到一个电压值与水分体积分数成正比的信号，该电压值经 A/D 转换，输出至监控数据处理单元，完成对微水含量的测量。同时，还专门设计了自动校准程序，用于自动修正测量曲线零位的漂移，自动校准发生在每次开机后，每小时运行一次；

还设计有定期的清除功能，保证测量曲线与理论曲线拟合，避免长期漂移，确保测量的长期稳定性和准确性，从而可以很好地解决 SF_6 气体微水含量的准确测量问题。

密度的测量主要由高精度压力传感器和温度传感器采样，经过放大电路处理，经 A/D 转换至监控数据处理单元，利用 SF_6 气体压力和温度之间关系的数学模型，采用软测量的方法，经过监控数据处理单元的运算处理得到 SF_6 气体的密度值。SF_6 气体密度曲线方程为

$$\begin{cases} P = 0.57 \times 10^{-4} \rho T(1+B) - \rho^2 A \\ A = 0.75 \times 10^{-3}(1 - 0.73 \times 10^{-3}\rho) \\ B = 2.51 \times 10^{-3}\rho(1 - 0.85 \times 10^{-3}\rho) \end{cases} \tag{3-5}$$

式中：ρ 为密度，kg/m^3；T 为温度，K；P 为绝对压力，MPa。在测量得到温度和压力值以后，代入式（3-5），即可得到密度 ρ 的唯一解。

检测系统通过显示器就地直接显示露点值（微水含量）、密度值、温度值及压力值等，同时，通过 RS485 等数据通信方式接入到变电站综合自动化系统中，并远传至无人值班站中心监控站，在变电站当地和远方的中心监控站进行实时监测，实现了 SF_6 电气设备中 SF_6 气体密度和微水的在线感知。

3.3.2.4 应用场景分析

纯净的 SF_6 是一种惰性气体，设备中的放电会造成 SF_6 气体分解，其分解产物与结构材料是不相容的。SF_6 气体在电弧作用下产生气体的分解，绝大部分分解物为硫和氟的单原子，电弧熄灭后，大部分又可还原，仅有极少部分在重新结合的过程中与游离的金属原子及水发生化学反应，产生金属氟化物以及 HF 有毒性和腐蚀性物质。

通过对 SF_6 压力和温度关系曲线（图 3-18）分析可知，在液化曲线右侧，温度变化时气体的密度保持不变，仅呈现压力的变化，即绝缘强度及灭弧性能不变；但当气体的温度下降到液化气温且继续下降时，气体将液化，其压力、密度下降得很快，此时气体的灭弧绝缘性能迅速下降，因此，SF_6 设备不允许工作温度低于液化温度。GIS 充气时会有微量水分随 SF_6 进入 GIS 内部；在运行过程中高压强电会导致化学反应的发生，这样也会产生水分的生成。而水分含量的多少会直接影响 GIS 的寿命以及安全性，所以要实时监测微水含量，不能超过设定阈值。

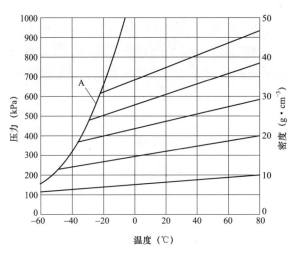

图 3-18 SF$_6$压力和温度关系曲线

3.3.3 SF$_6$气体环境在线感知系统

3.3.3.1 背景及意义

SF$_6$气体是一种非常良好的绝缘介质，在较为均匀的电场中且在压力为0.1MPa条件下时，该气体的绝缘强度能够达到空气的2~3倍；而在0.3MPa压力作用下时，其介质绝缘强度能够达到绝缘油水平，这个比率与压力成正比。SF$_6$气体具有特别好的熄灭电弧的能力，因为它的电弧结构和温度是径向矩形分布的弧芯非常相似，它的弧芯部分的温度很高，有优越的导电性能，弧芯外部的温度降低趋势很快，而外焰温度又特别低，所以具有很好的散热性能。SF$_6$气体在常温下是一种安全稳定的气体，但在高压电弧的作用下，会产生多种有毒有害气体及固体分解物，如WO$_2$、WO$_3$、CuF$_2$、WOF$_4$、SOF$_4$、SO$_2$F$_2$、SOF$_2$、SO$_2$、HF、H$_2$SO$_4$等，其中HF、H$_2$SO$_4$等具有强腐蚀性，对有机绝缘材料及金属件有很强的腐蚀作用；CuF$_2$有很强的吸湿性，当其附着在绝缘物的表面时，会导致沿面闪络电压明显下降；SO$_2$、SO$_2$F$_2$均为具有剧毒性的气体，SOF$_2$对人体肺部有强烈伤害，能造成严重的肺部水肿，甚至导致动物窒息而死亡，SO$_2$F$_2$是一种可导致人体痉挛的化合物，吸入过量会造成死亡。

由于设备本身质量差异以及制造材料日久老化等因素影响，SF$_6$高压开关设备经常发生 SF$_6$气体泄漏现象，不但对设备的正常运行造成影响，还会给电力系统的安全稳定带来隐患，而且会对电力工作人员的人身健康造成威胁。另外，

SF_6还是国际上规定的严禁向大气中排放的几种温室气体中的一种，它在空气中能稳定存在三千多年，它能够达到的温室效应是二氧化碳气体的几万倍。因此实现对开关室内环境的在线感知、实时报警和启动通风控制具有十分重要的意义。

3.3.3.2 发展现状

随着 SF_6 电气设备在电力系统中的广泛使用，其故障率也越来越高，SF_6气体泄漏造成的空气污染以及人身健康危害问题越来越受到各国技术研发人员的关注，在这样的大背景下，各种 SF_6 气体泄漏检测技术应运而生。传统判断SF_6泄漏的方法是通过观察气体压力表，通过 SF_6 气体密度继电器将压力值反馈给压力表，便可直观判断出是否存在 SF_6 气体泄漏现象；或者采用包扎检测法，用塑料薄膜封住疑似漏点区域，经过一段时间后，再用便携式 SF_6 气体检测仪检测包扎处是否有 SF_6 气体，以此判断是否泄漏。以上两种检测方法虽然直观有效，但工作人员必须到现场观察检测，且存在潜在的危险性。随着电子通信技术及传感器技术的不断发展，SF_6 气体检测技术也在不断提高，国内外许多相关领域企业都在加速布局，和科研高校合作设计了一系列行之有效的产品，应用效果明显。

国外对 SF_6 气体检测技术的立项研究主要集中在一些科研实力雄厚的大公司，它们通过综合应用传感器组网技术以及单片机技术等，研究出了一系列较为成熟的监测系统，如瑞士 ABB 集团公司研发生产的 SF_6 泄漏报警系统，美国海瑟威公司设计的 SF_6 断路器在线感知报警系统，日本东芝集团公司开发的组合电器 SF_6 泄漏监测报警系统等，这些检测系统主要采用激光显影技术、超声监测技术或红外光谱技术等，经实践验证可靠性较高，但依然存在各自不同程度的缺点，如价格较为昂贵，后期维护存在问题，易受外界环境干扰等。国内对 SF_6 泄漏的检测技术研究起步较晚，在不断探索实践过程中不断地完善，近几年也取得了一些可喜的成绩。电化学传感器监测技术作为新兴产业技术逐步成熟起来，已经开始量化生产，并在工业领域有所应用。另外，高压负电晕放电检测技术、紫外线检测技术、纹影成像技术等都在各自研发领域取得一定的突破，这几种常见的 SF_6 气体检测方法虽然应用性很强，也都存在一定的问题：高压负电晕检测技术是利用两个高压电极间放电电流的不同变化来计算空气中SF_6 气体的浓度，该方法技术较为成熟，成本也较低，但同样存在设备使用周期短、误报率较高等缺点；紫外线检测技术是利用紫外线照射金属电极而产生光电子，通过加速电场的作用形成基流，而 SF_6 分子量大造成移动速度变慢，由此导致基流信号产生一定的延时，通过延时长短的测量便可换算出 SF_6 气体浓度，该检测技术测量准确率较高，抗环境干扰能力较强，但由于测量范围有限，适合局部定性检测，不太适合大范围的实时监测系统使用；纹影成像检测技术是通过定量检测并比较 SF_6 气体与空气的折射率不同来实现的，该方法需要预先设定与光栅合适的基准线，SF_6 气体泄漏导致光线到达影相机时产生位移，进而换算出气体泄漏量，该方法对测量设备要求很高，前提条件是必须有符合条件的光栅源。目前，SF_6 气体红外吸收光谱检测法是国内外传感器制造厂商比较青睐的检测技术，该方法是利用 SF_6 气体和空气对特定波段红外辐射吸收强度的不同而进行信号处理，定量判断 SF_6 气体浓度的方法。最近，一种基于激光照射原理，利用 SF_6 对激光的吸收作用而进行视频检测处理的新兴技术逐步兴起，但应用效果有待实践检验。

3.3.3.3　基本工作原理

目前，SF_6 气体的测量方法主要包括传统气压表测量法、超声波测速法、激光原理测量法等。

1. 传统气压表测量法

传统的 SF_6 气体测量方式主要有气压表测量法和密度继电器测量法。气压表测量法的主要原理是用气压表监测气体压力。但是由于 SF_6 气体压力随温度变化而变化，因此这种方法只有在环境温度变化不大、泄漏明显的情况下起作用，而且还需要工作人员不断监控，不适用于无人值守的变电站中。在密度继电器测量法中，密度继电器为机械装置，精度一般，抗震能力差，不能及时反映在安全值以上的气体微量泄漏。

2. 超声波测速法

采用超声波测速法进行 SF_6 泄漏的测量，其原理是超声波速度在不同摩尔质量的气体中的传输速度是不同的。声波是一种在弹性媒质中传播的机械波，它是纵波。超声波具有波长短、易于定向发射等优点，而且超声波在媒质中的传播速度与媒质的特性和状态有关，通过媒质中声波的测定可了解媒质的特点。当通过差分法消除温度影响后，声波速度就仅和气体摩尔质量有关。SF_6 气体的摩尔质量为空气的 5 倍，因此当空气中泄漏 SF_6 含量变化时，其气体摩尔质量也会发生变化，对应到声速上也会产生对应的改变。通过超声传感器测量超声波的传播速度，反推出 SF_6 气体的含量即可实现定量测量空气中 SF_6 泄漏气体的浓度。

3. 激光原理测量法

激光原理测量法主要利用 SF_6 对特定波段有强吸收的特性来检测 SF_6 气体浓度，光辐射在气体中传播时，由于气体分子对辐射的吸收、散射而衰减，因此可以利用气体在某一特定波段的吸收来实现对该气体的检测。激光原理测量法能够定量监测出空气中 SF_6 气体的浓度，根据不同 SF_6 气体浓度的测试需求调节报警值，扩大了该方法的实用性。利用激光原理测量法能够随时根据国家相应的标准调节报警值，克服了其他 SF_6 气体测量方式无法定量检测 SF_6 气体浓度的缺点，因此激光原理测量法在测试 SF_6 气体方面得到了广泛的应用。激光检测技术的报警精确度高、使用寿命较长，虽然其一次性的投入成本较高，但是从长远来看，还是具有很高的性价比。

3.3.3.4　应用场景分析

SF_6 气体以其优异的绝缘和灭弧性能，在电力系统中获得了广泛的应用，几乎成了中压、高压和超高压开关中所使用的唯一绝缘和灭弧介质。正因为 SF_6 气体的大量使用，其安全性也受到了人们的广泛关注。客观上讲，SF_6 气体是一种无色、无味、密度比空气重、不易与空气混和的惰性气体，对人体没有毒性。但是在高压电弧的作用下或高温时，SF_6 气体会发生部分分解，而其分解物往往含有剧毒，即便是微量，也能致人非命。当使用以 SF_6 气体为绝缘和灭弧介质的室内开关在使用过程中发生泄漏时，泄漏出来的 SF_6 气体及其分解物会往室内低层空间积聚，造成局部缺氧和带毒，对进入室内的工作人员的生命安全构成了严重的危险。

应用场景主要是监测 SF_6 浓度，对于 SF_6 断路器和 GIS，虽然泄漏到大气中的 SF_6 浓度很低，但它在大气中有很长的残存期，并能吸收红外辐射而产生温室效应。此外，频繁补气和 SF_6 气体的大量泄漏，不仅影响设备安全运行，也影响人身健康。

SF_6 气体不可燃且不助燃，但如果暴露在明火或高于 $400°F$ 的高温下，会分解出许多非常有毒的化合物，包括 SO_2、HF、H_2S、SF_6 和其他有害的硫的氟化物。当空气中 SF_6 含量过高而使氧含量 $<19.5\%$ 时，会导致快速窒息。

3.3.4　断路器机械特性在线感知系统

3.3.4.1　背景及意义

随着智能电网的快速发展以及无人值守变电站的建设，变电站自动化、智能化取得了很大进步，但在反映电气设备健康状况的状态监测方面还有所欠缺，不能做到真正意义上的无人值守。断路器作为一种非常重要的开关设备，不仅担负着电路的正常接通和断开，还对电路和电气设备起着安全保护的作用，其良好的功能状态是变电站以及电力系统正常、安全运行的关键所在。数年来，众多研究者致力于断路器的状态监测研究。据统计，约有 70%的开关故障原因在于操作机构的性能不良，所以监测操作机构的相关参数是反映开关运行状态的必要和有效手段。最初，电气设备检修方式是在故障发生后进行改正性检修，称为事故检修；之后发展为固定时间间隔的预防性定期检修。随着我国电力体制改革的推进，电力市场的发展需要更为科学的检修模式——状态检修，通过各种手段对正在运行的设备进行评估、诊断，给出有针对性的维修建议。状态检修机制的优点是能够防止恶性事故发生，避免维修过剩或者维修不足，延长设备的使用寿命，优化设备的运行。目前现有的监测装置监测功能比较简单，诊断能力也存在不足，因此研制具有综合监测功能的监测装置是目前在线感知的重要发展方向，具有较大的发展前景。

对断路器实施实时在线感知，可以及时了解其运行状况，掌握其运行特性及变化趋势，以便尽早发现潜在故障，及时采取预防措施或进行维修，保障电力系统可靠运行。实施断路器在线感知减少了过早或不必要的检修，降低维修费用，提高检修的针对性；其次，提高了开关设备本身的使用寿命，显著提高电力系统的可靠性；再者，断路器在线感知技术为设备的状态检修机制提供了依据，为实现从计划检修到状态检修的转变创造了有利条件，具有重大意义。

3.3.4.2 发展现状

断路器状态监测技术起步较晚，从某种意义上讲是"状态维修"概念促进了断路器状态监测技术的发展。在电力系统中，可能是由于断路器的造价与变压器、发电机等相比较为便宜，或者断路器故障时所造成的危害不如电容性设备严重等原因，虽然在变电和配电中，因断路器故障造成的非计划停电事故无论从时间和数量上都远远高于其他电力组件，但直到 20 世纪 90 年代以后，断路器状态监测技术才逐渐发展起来。具有代表性的断路器状态监测系统有美国 Hathway 公司开发的 BCM200 断路器状态监测系统、ABB 公司开发的 SF_6 断路器状态监测系统、日本东京电力公司和东芝公司联合开发的 GIS 在线感知和诊断系统、法国 Alstom 研究中心研制的 CBWatch 系列断路器状态监测系统。对于断路器机械特性的检测方法主要有行程—时间检测法、分合闸线圈电流检测

法、振动信号检测法等。

（1）行程—时间检测法。根据不同的机械运动参数对断路器机械故障作出大致判断。断路器行程—时间检测的困难在于行程传感器不能安装在动触头上，因此不能直接测得触头行程，要进行折算或重新制定监测用的技术条件。目前多采用光电式位移传感器和差动变压器式位移传感器与相应的测量电路配合进行检测，其他常用的还有增量式旋转光电编码器或直线光电编码器。

（2）分合闸线圈电流检测法。分、合闸操作线圈是控制断路器动作的关键元件，应用霍尔电流传感器可方便地监测多种信息的分、合电流波形。分析每次操作监测到的电流波形变化，可以诊断出断路器机械故障的趋势，对发生概率最大、危害性也最大的拒动、误动故障的诊断尤为有效。

（3）振动信号检测法。利用加速度传感器采集振动信号，通过时频分析技术提取状态特征参量，为断路器的机械故障诊断提供依据。目前基于断路器振动信号的诊断方法的研究日益增多，许多新型的技术已经用于实际。1996 年 Runde 等使用加窗快速傅里叶变换和动态时间归整（Dynamic Time Warping, DTW）分析振动信号，将得到的正常状态和测试状态的振动信号做时间偏移估计，以此与参考相比较进行诊断，取得良好的诊断效果；2002 年，哈尔滨工业大学胡晓光等学者利用多层小波分解包络峰值提取振动信号奇异性指数，作为反映断路器状态变化的特征参数；2003 年，Dennis 等学者使用小波包分解断路器一次动作所产生的 4 个振动信号，找出断路器非正常状态敏感的节点，形成节点直角坐标图显示断路器 4 个部分的状态对比图，并利用后向传播神经网络进行状态分类，这种方法得了较高的检测准确率。

目前对断路器机械特性在线感知及故障诊断技术大多基于某种单一特征量的监测结果，很少对比分析不同种类状态信号的特征并做出综合评判。对单一特征量的监测技术存在以下问题：

（1）选择合适的传感器以及对不同的高压断路器机构安装适应性差的问题，即针对不同电压等级和不同操动机构的断路器，所选择的传感器类型也不一样。

（2）以往在线感知装置所关心的是机械参量的计算结果，而对机械运动的过程关心不多；虽然现有的在线感知模块也可以测量合、分闸时动触头的行程特性曲线。但对于机构的状态仍然只能做出好或坏的判断，不能判断故障究竟发生在什么部位。

（3）数据处理的问题。目前对机械特性在线感知主要是测量合、分闸时间，平均速度等，根据这些测量值，经过简单的阈值判断来对机构状态做出预测。

（4）在线感知装置模块寿命过短，安装维护困难，价格过高而精度不够高。

（5）故障诊断阈值的确定问题。故障阈值的确定是正确诊断的前提，以前故障诊断的依据有赖于实际经验或标准，从在线感知装置提供的有关动作参数、性能参数或者比较历史记录，分析运行特性的变化趋势，可以进行断路器状态判断。

断路器在线感知系统经历了漫长的发展历程，但从实际应用情况看，今后应该会向以下几个方向发展：

（1）集成性。机械特性在线感知功能模块能具备实时的采集信号，并能及时处理信号，具备快速地故障诊断的能力。集高压断路器将多项监测功能于一体，有利于多种信息的融合，支持网络化统一管理。

（2）通用性。由于断路器类型和电压等级不同，监测的项目和实现方法也不一样。系统应具有多状态、多设备的监测功能。在硬件设计时应考虑足够多的采样通道，保证采样板的通用性，可满足不同类型的断路器要求。在设计软件时，采用中文组态技术实现不同类型断路器相关机械参数的设定。

（3）可靠性。装置系统本身的可靠性至关重要，应具备自诊断功能。断路器动作时会产生强烈放电和机械振动，对整个机械特性在线感知模块都会造成特别强的电磁干扰。因此，在系统设计时，硬件要采用屏蔽和滤波。软件需对行程等信号采用非线性数字滤波技术。

（4）扩充性。监测断路器的个数不受限制；考虑断路器就地采样单元与变电站在线感知系统的兼容，能为变电站综合自动化提供信息。

（5）智能化。机械特性在线感知单元作为高压断路器的重要组成部分，能实时地检测断路器机械特性参数的变化信息。充分利用快速发展的计算机技术、通信技术、信号处理和人工智能技术，使得下一代在线感知装置向着高灵敏度、高可靠性、高智能化和高性价比的方向发展。

3.3.4.3　基本工作原理

对断路器的机械性能监测，需要考虑以下主要因素：① 监测分、合闸线圈电流，线圈电流波形反映了铁芯行程、铁芯卡滞、线圈状态（匝间短路等）、分合闸辅助接点状态与转换时间等信息；② 监测触头的行程、速度等特性，行程、速度特性反映机构的工作状况，通过直接或间接的方法获得速度、加速度、行程等曲线以及平均速度、最大速度；③ 监测机械振动等。

1. 分合闸线圈电流

断路器一般都以电磁铁作为操作的第一级控制元件。当线圈中通过电流时，动铁芯受磁力吸引，使断路器分闸或合闸。可根据线圈电流波形来分析高压断路器操动机构的机械状态，预测高压短路器误动、拒动等情况。直接利用串接在直流操作电源电气回路的穿芯电流传感器可测量开关动作时流过分（合）闸线圈的电流波形。通过对线圈电流波形的分析和历史比较，可对线圈直流电阻、铁芯行程等状态分析，进而判断分（合）闸线圈是否断线，断路器操作过程是否卡涩等。在同一时域，断路器分闸过程中线圈电流波形如图 3–19 所示。$t_0 \sim t_1$，分闸线圈 t_0 通电，分闸电磁铁芯 t_1 时刻始动；$t_1 \sim t_2$ 是分闸铁芯无载运动时间，$t_2 \sim t_1$ 反映了铁芯运动卡塞情况；$t_2 \sim t_3$ 分闸限流达到最大稳定值，触头开始运动，$t_3 \sim t_2$ 反映了脱口和传动机构的状态；$t_3 \sim t_4$ 触头运动到位，分闸线开断，电流开始衰减，$t_4 \sim t_3$ 反映分闸燃弧时间。

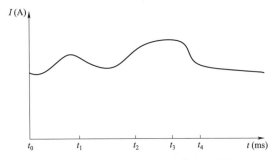

图 3–19 断路器分闸过程中线圈电流波形

2. 触头行程—时间特性

行程—时间特性曲线是断路器工作状态的重要表征。高压断路器分、合闸速度，尤其是断路器合闸前、分闸后的动触头速度对断路器的开断性能有至关重要的影响。通过在动触头下或触头的绝缘拉杆下安装位移传感器，再经过采样滤波后，可得到断路器动触头行程随时间的变化关系，用以发现机械故障的隐患，断路器机械部分由于磨损、疲劳老化、变形、生锈、装配不当等影响正常机械性能的原因都可从该特性中反映出来。通过对行程位移的监测可以有效地分析断路器操作机构的触头运行过程，从而计算出断路器的行程、触头分合闸速度，进而判断断路器操作机构健康状况。对机械特性在线感知的行程数据采集部分来说，最重要的是对合、分闸过程中动触头在各个时刻位置的检测，主要的要求是：在不改动断路器主体结构以及带电的条件下，既不能影响机构原有的机械特性和绝缘特性，又要真实地反映其机械特性，且适应性要强。最直接的方法是，在开关运动部件上装设绝对位移传感器检测开关触头运动的行程曲线。通过相应各点的速度参数，如刚分、刚合速度，平均速度等，可以反映动触头在各段所受到的推动力和阻力特性。断路器合闸时行程—时间曲线如图 3-20 所示，以断路器合闸时行程—时间的曲线关系为例，定义断路器的主

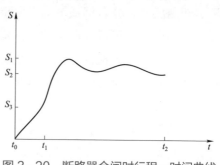

图 3-20　断路器合闸时行程—时间曲线

要机械特性参数如下：t_0 为断路器分、合动作计时起点；t_1 为铁芯开始运动的时刻；t_2 代表铁芯已经触动操作机械的负载，因而显著减速或停止运动。

3. 机械振动监测

断路器机械状态的改变将导致振动信号的变化，振动信号中包含丰富的机械状态信息，即便是机械系统结构上某些细微变化也可以从振动信号上发现出来。因此，可通过监测断路器的机械振动情况来分析结构的动作状态和时间，判断断路器内部机构的运动过程。由于断路器在分合闸操作中所产生的振动信号没有规则，再加上现场环境噪声的影响，使得分析处理起来比较困难。可以在断路器具有较大振动强度或者较大信嘈比的部位安装加速度振动传感器，当断路器进行分、合操作时，采集振动信号以便处理之后作为诊断的依据。另外，大量试验表明加速度传感器安装位置的微小移动或更换相同的传感器对测量结果没有明显影响。因此，可以使用振动信号分析断路器动作的特性。

振动信号的辨识是断路器振动信号监测的重要前提，振动信号具有高强度冲击和高速度等特点；振动信号的采集不涉及电气测量，振动信号受电磁干扰小；振动信号具有瞬时非平稳性，不具有周期性。传感器安装在断路器的外部，对断路器没有任何影响。而传感器本身又具备尺寸小、可靠性高、低价廉、抗干扰好等优点，特别适用于高压断路器在线感知系统。

3.3.4.4　应用场景分析

对于非电磁操作机构的断路器，通常利用机械特性参数来完成诊断工作。分、合闸时间和分、合闸速度等参数的变化反映操动机构的卡涩等异常状态，行程、加速度、超行程等参数间接反映断路器操动机构工作状态；灭弧触头的

剩余长度反映电磨损程度分、合闸同期性反映灭弧触头的平整度及烧损情况。

对于电磁铁操作机构，线圈电流波形可以反映的状态有铁芯行程、铁芯卡滞、线圈状态、分合闸线圈的辅助接点状况与转换时间。通过对分合闸线圈动作电流的监测，可以大概了解断路器二次控制回路的工作状况及铁芯的运动有无卡滞等异常，为检修提供一个辅助依据。诊断过程是由监控计算机完成的，在线感知设备只是提供数据给监控计算机，由监控机上运行的专用分析软件来完成诊断过程。

断路器最常见的机械故障类型有拒分、拒合、误分、误合等。在操动机构和传动机构上具体表现为机构卡涩，部件变形、位移或损坏，分合闸铁芯松动、卡涩，轴销松断，脱扣失灵等。在电气控制及辅助回路上表现为二次接线接触不良、端子松动、辅助开关切换不灵、操作电源故障等。另外，据长期的高压开关设备检测试验的结果得出，检测试验中出现频度比较高的机械故障问题是各种原因造成的分合闸线圈烧毁，万能转换开关损坏，锁扣机构疲劳、磨损，主轴断裂等。电磁操动机构常见异常现象如表 3−9 所示。

表 3−9 　　　　　　　　　　　电磁操动机构常见异常现象

现象分类		异常现象	可能原因
拒动	拒合	铁芯不启动	1. 线圈端子无电压 （1）二次回路连接松动 （2）辅助开关未切换或者接触不良 （3）直流接触器触点被灭弧罩卡住 （4）熔丝熔断 （5）直流接触器电磁线圈断线或烧毁 2. 线圈端子有电压 （1）合闸线圈引线断线或线圈烧损 （2）两个线圈极性接反 （3）合闸铁芯卡住
		铁芯启动、连板机构动作	（1）合闸线圈通流时端子电压太低 （2）辅助开关调整不当过早切断电源 （3）合闸维持支架复归间隙太小或某种原因未复位 （4）合闸脱扣机构未复归锁住 （5）滚轮轴合闸后扣入支架深度少或支架端面磨损变形扣不稳定 （6）分闸脱扣板扣入深度少或端面磨损变形扣不牢 （7）合闸铁芯空行程小，冲力不足 （8）合闸线圈有层间短路 （9）开关本体传动机构卡涩
	拒分	铁芯不启动	1. 线圈端子无电压 （1）二次回路连接松动或接触不良 （2）辅助开关未切换或接触不良 （3）熔丝熔断

现象分类		异常现象	可能原因
拒动	拒分	铁芯不启动	2. 线圈端子有电压 （1）铁芯卡住 （2）线圈断线或烧毁 （3）两个线圈极性接反
		铁芯启动、连板机未动	（1）铁芯行程不足 （2）脱机板扣入深度太深 （3）线圈内部有层间短路 （4）脱扣板调整
		脱扣板未启动	机构或本体传动卡涩
误动		合后即分	（1）合闸维持支架复位太慢或端面变形 （2）滚轮轴扣入支架深度太少 （3）分闸脱扣板未复归，机构空合 （4）脱扣板扣入深度太少，未扣牢 （5）二次回路有混线，合闸同时分闸回路有电 （6）合闸限位止钉无间隙或合闸弹簧冲器压的太死无缓冲间隙
		无信号分析	（1）合闸回路绝缘有损坏造成直流两点接触 （2）扣入深度小、扣合面磨损变形、扣合不稳定 （3）分闸电磁铁最低动作电压太低 （4）继电器接点因振动误闭合

3.3.5　伸缩节变形在线感知系统

3.3.5.1　背景及意义

在 GIS 运行中，由于环境温度的变化、阳光的照射、通电时产生的温升等原因，会导致 GIS 母线发生热胀冷缩，这种伸缩会产生较大的扰动，对 GIS 母线危害较大。虽然各种 GIS 都存在这种受力，但是在户外母线落地式 GIS 上表现得最为明显。GIS 设备伸缩节作为管道线附属设备，其基本作用是用于 GIS 设备安装时长度调节补偿及运行后管道母线筒随季节、环境温度变化时的伸缩量变化的补偿；平衡因 GIS 充入 SF_6 气体带来的盲板力；由于伸缩节可被压缩变短，故可通过压缩伸缩节达到对 GIS 进行拆卸或检修的目的。GIS 设备伸缩节运维监测工作存在以下几点问题：

（1）GIS 设备伸缩节的巡视检查工作未得到重视。近年来，户外 GIS 设备在国内各变电站得到了大量应用，而其运维监测工作未能跟上设备的更新步伐，因而发生了多起户外 GIS 设备因环境温度变化而引发的故障及异常，给电网和设备的安全、可靠运行造成严重威胁。在实际运维工作中，GIS 设备伸缩节的巡视项目也未列入标准化巡视检查作业指导书，造成其巡视检查标准无章可循。

（2）无法监测 GIS 设备伸缩节尺寸变化情况。在 GIS 设备早期应用中，未考虑伸缩节受应力变化发生位移时其尺寸变化对运维监测工作的重要性，因此在实际运维工作中无法通过有效手段来监测其尺寸变化情况，当伸缩节位移较大时不能及时发现，从而埋下隐患。

（3）设备选型考虑不全面。户外 GIS 设备在选型时未充分考虑地域、环境温差等因素可能引发的伸缩节位移，没有制作专用的测量工具来实时监测伸缩节的位移变化情况，从而给以后的运维监测工作带来困难。

在我国北方地区，冬季气温极低，昼夜温差较大，GIS 管道母线长度会随着环境温度的变化而变化。如果 GIS 伸缩节因安装或制造工艺原因，起不到伸缩调节补偿的作用，就可能造成 GIS 设备连接部位变形、漏气，严重的导致设备绝缘击穿。

针对上述情况，国内电力企业强化了设备伸缩节反事故措施的管理，要求 GIS 伸缩节加装形变量测量标尺，同时加强户外 GIS 设备伸缩节的运维巡视工作，并结合设备巡视，对伸缩节标尺位置进行定期抄录。目前 GIS 伸缩节均已装设机械读数式标尺，但由于现有伸缩量监测装置不具备记录功能，尚需要人工现场抄录。而人工测量存在误差和局限性，且由于测量工具限制，存在测量位置差异、读数误差、测量不规范等问题，给测量数据的准确性带来一定的质疑，导致测量工作效率低、可靠性差，设备日常运维难度增大。若对 GIS 设备母线本身是否发生位移或是位移量大小判断不准确或判断错误，将加剧设备本体的位移，给设备可靠运行带来安全隐患。

为了让测量数据真实有效，且具有一定的参考价值，及时反映 GIS 设备的运行状况，可以在伸缩节上安装高精度智能感知设备，实时监测伸缩节伸缩量变化情况。所以，对 GIS 伸缩节伸缩量进行实时监视在 GIS 设备日常运维中起到重大作用。

3.3.5.2 基本工作原理

1. 伸缩节简介

（1）结构。户外母线落地式 GIS 伸缩节主要分为 2 种：安装型伸缩节、温度补偿型伸缩节。安装型伸缩节又称为普通型伸缩节，由 1 个波纹管、2 个法兰、若干拉杆组成。安装型伸缩节的特点有：

1）具有较大的短时压缩量，通常用来达到对 GIS 进行安装、拆卸或检修的目的。

2）除非使用加强型固定支架或使用长拉杆进行加强，否则无法抵消设备充气后产生的盲板力，会对 GIS 固定支架造成较大的受力。

3）价格低廉。

温度补偿型伸缩节从结构上又可细分为 2 种：碟簧力平衡型伸缩节、直管力平衡型伸缩节。碟簧力平衡型伸缩节由 1 个波纹管、2 个法兰、若干碟簧组成。直管力平衡型伸缩节由 2 个工作波纹管、1 个平衡波纹管、4 个法兰、若干拉杆组成。温度补偿型伸缩节的特点有：

1）通常用来补偿 GIS 因热胀冷缩等带来的位移变化。

2）可通过碟簧或自身的结构产生与盲板力大小相等（或相近）、方向相反的作用力，使得 GIS 固定支架受力很小。

3）价格较高。

（2）设计原则。伸缩节一般选用不锈钢材质，使用液压机挤压成形，具有轴向和径向调节能力。在管道母线中合理布置伸缩节，必须结合管道母线尺寸变化量、伸缩节的设计轴向和径向尺寸与基础伸缩缝布置的位置来进行确定，以下按照伸缩进行轴向调节进行计算分析。假定筒体热胀冷缩发生的变化全部由伸缩节吸收，建立理想计算模型。

1）忽略筒体应受力发生的固体变形（可以根据广义虎克定律结合伸缩节的固有刚度参数核算筒体的刚度及变形量，经过计算此变形量极小，故此处忽略不计）。

2）假定铝合金和混凝土的热胀冷缩为线性膨胀。

3）工程中常用的温度界限：① 周围环境温度为 $-40 \sim 40℃$；② 安装时周围温度 T_0 为 $5 \sim 32℃$；③ 日照量 T_1 为室外 10K；④ 通电时温度的上升 T_2 为 30K。

4）计算伸缩节伸长及压缩计算公式为

$$Y_1 = L(a_1 - a_2) \times (40 - T_0) + La_1(T_1 + T_2) \qquad (3-6)$$
$$Y_2 = L(a_1 - a_2) \times (-40 - T_0) \qquad (3-7)$$

查机械设计手册及土建经验数值得

$$a_1 = 23.8 \mu m/℃，a_2 = 10 \sim 14 \mu m/℃$$

为简化计算可取 $a_2 \approx a_1/2$，代入数值得

波纹管压缩量　　　　　$Y_1 = La_1(60 - T_0/2)$

波纹管伸长量　　　　　$Y_2 = La_1(-20 - T_0/2)$

总伸缩量 $$Y = Y_1 - Y_2 = 80La_1$$

式中：L 为母线长；a_1 为铝线性膨胀率；a_2 为混凝土线性膨胀率；Y 为波纹管总伸缩量；Y_1 为波纹管压缩量；Y_2 为波纹管伸长量。

根据工程中实际需要可计算出伸缩节的合理伸缩量，从而确定波纹管的设计长度等。在实际生产中，常根据实际设计经验采用固定规格的伸缩节，这样就需要根据以上公式，结合工程的实际使用环境、各厂家产品本身的试验温升等数据，计算出管道母线在伸缩节的调节范围内的最大尺寸，在每个此长度内设置一个伸缩节膨胀节即可满足使用要求。

管道母线内部的导电杆插入触头的深度也会随着管道母线的伸缩而发生变化，这样可能会导致因导电杆插入触头深度不够而使主导电回路接触不良，回路电阻升高，产品运行中往往导致导电杆和触头发生过热烧蚀，引起质量事故。

2. 伸缩节在线感知技术原理

（1）形变智能监测传感技术。伸缩节形变智能监测传感器由形变跟踪弹簧、形变传导杆、直线位移传感器、温度传感器、MCU、通信模块、长寿命电池和封闭外壳等组成。形变传感器外壳固定在 GIS 伸缩节一端的法兰上，形变跟踪弹簧推动形变传导杆抵紧另一端法兰，当伸缩节发生伸缩形变时，形变传导杆跟踪伸缩形变，并将该形变传导给直线位移传感器，直线位移传感器感知到该形变的变化量，转成模拟信号再进行 A/D 转换成数字信号。装置可以存储实时监测数据并向后台远端传输，利用后台软件系统分析处理、预警、展示收集到的信息。

（2）激光位移传感技术。激光位移传感器是由处理器单元、回波处理单元、激光发射器、激光接收器等部分组成。激光位移传感器的激光发射器 1s 可以发射一百万个激光脉冲到检测物再返回至接收器单元，处理器单元可以计算激光脉冲遇到检测物再返回至接收器所需的时间 t，进而计算出距离 d，该传感器输出到控制器的值是上千次测量结果的平均值，即所谓的脉冲时间法测量。

激光位移传感器精度高，线性度优，可精确测量非接触物体的位置、位移等变化，主要应用于测量物体的位移、厚度、振动、距离、直径等几何量，并且具有 RS232/484 串行接口，能实时与上位机进行通信，数据采集后可实时传输到后台电脑，利用后台软件系统分析处理、预警、展示收集到的信息，便于运维人员对指定的伸缩节进行数据查看。

4 智慧变电站网络设备关键技术

4.1 第五代移动通信网络（5G）

4.1.1 移动通信的发展概述

移动通信技术在近 40 年来发展迅速，如今 5G 时代已经来临，而 6G 标准的制定也在如火如荼地进行中。回顾移动通信技术的发展，从 1G 利用模拟制式支持语音通话到如今 5G 逐渐支撑起 VR、AR 传输业务、万物互联、低延迟高可靠通信，移动通信不仅带来更便捷的生活方式，更扩展了通信从"人"到"物"的维度。

第一代无线蜂窝网络技术称为 1G，是几种模拟通信技术（NMT、AMPS 和 TACS 等）的统称。这几种模拟通信标准调制频率一般在 150MHz 及以上，主要在 20 世纪 80 年代提供服务。

第二代手机通信技术规格称为 2G，与 1G 最大的区别在于，2G 完全使用数字信号通信。除了从模拟通信转变为完全的数字通信之外，2G 技术进一步扩展了频段，启用了数字加密，并提供了短信（Short Message Service，SMS）等数据服务。这一类通信技术可以追溯到第一次出现于 1991 年芬兰的全球移动通信系统（Global System for Mobile Communication，GSM）。由于当时国际上多种 1G 移动通信技术标准的不统一，欧洲邮电管理委员会（Confederation of European Post and Telecommunication，CEPT）着手制定该项标准，并在未来一段时间内逐渐被世界其他地区的运营商所采用。为了扩展多媒体业务，当时的移动通信运营商着手提供以通信分组无线业务（General Packet Radio Service，GPRS）与增强型数据速率 GSM 演进技术（Enhanced Data Rate for GSM Evolution，

EDGE）为首的下一代通信技术标准；因其发展方向是逐渐迁移到 3G 业务，有时也被称作 2.5G 与 2.75G。

第三代移动通信技术称为 3G，其研究可以追溯到 20 世纪 80 年代，但实际投入使用还是在 2002 年的韩国 SK 电信开通 1xEV－DO 业务之后。3G 的主要标准有 CDMA2000 与 WCDMA，后者属于被广泛采用的 UMTS 系统。与 CDMA2000 不同，UMTS 无法直接利用现有的 2G 基础设施，必须建设新的基站并使用新频段。另外，在第三代合作伙伴计划（3rd Generation Partnership Project，3GPP）组织制定的 Release 4 标准中，移动通信流量终于能封装入 IP 数据包，完成控制平面与用户平面的分离。

随着互联网的发展，对多媒体业务的需求也驱使运营商寻求下一代方案以向用户提供更大的带宽。第四代移动通信技术（4G）的标准主要有 LTE 与 WiMAX，但得到推广的主要还是 LTE。在 4G 业务下，终端用户的可用带宽最多高达 100Mbps；相较之下 3G 的理论峰值仅在 14Mbps 左右。由于完全抛弃了老式电话交换网络，4G 技术终于进入了全 IP 时代，为 IP 电话、移动上网、高清视频等诸多业务铺平了道路。

如今，第五代移动通信技术（5G）正处于商业化的初始阶段。5G 网络将以其增强的功能和新颖的功能彻底改变现有的无线网络。5G 新无线电（5G New Radio, 5G NR）被称为 5G 的全球标准化，目前处于第三代合作伙伴计划（3GPP）之下，可在从小于 6GHz 到毫米波（100GHz）的宽频带范围内运行。3GPP 主要关注 5G NR 的三个主要使用案例，包括超可靠低时延通信（ultra-Reliable and Low-Latency Communication，uRLLC）、海量机器类型通信（massive Machine Type Communications，mMTC）和增强移动宽带（Enhanced Mobile Broadband，eMBB）。为了达到 5G NR 的目标，与长期演进技术（Long-Term Evolution，LTE）系统相比，增加了可扩展数字、灵活频谱、前向兼容性和超精益设计等多项功能。

5G 网络正以数字化和先进通信的形式出现，成为产业转型的基础，以超高速、极低延迟提供可靠服务。5G 将随时随地提供固定和移动宽带服务。4G 网络在数据速率、连接性和延迟方面面临各种挑战。如 4G LTE－A 系统确保下行链路（Down Link，DL）数据速率高达 3Gb/s，上行链路（Up Link，UL）数据速率高达 1.5Gb/s，每个小区的连接能力约为 600 个用户，延迟约为 30～50ms。由于这些挑战，4G 网络无法支持各种应用程序，如虚拟现实技术（Virtual

Reality，VR）、增强现实技术（Augmented Reality，AR）、高清屏幕、视频会议和 360°视频流。而在 5G 网络中，这些挑战通过引入各种新功能、服务和技术得以缓解。5G 网络的技术包括大规模多输入多输出系统（Multi-input Multi-output，MIMO）、毫米波、全双工无线电、设备间（Device to Device，D2D）通信、超密集网络（Ultra Dense Networks，UDN）、多无线电和认知无线电。

4.1.2　5G 的三大场景和主要特点

4.1.2.1　5G 的三大场景

1. eMBB

eMBB 即增强移动宽带，是指对现有移动宽带业务场景用户体验等性能的进一步提升。5G 移动网络带来的最直观的感受就是网络速率的大幅提升，即便是传输 4K 高清视频流，峰值速率也能够达到 10Gbps。

对于 eMBB，重点是在吞吐量和覆盖率方面改进当前的移动宽带服务。这些需求多样且极致的用例需要比目前 4G 更大的信道带宽。5G 技术的设想是在更高的载波频率下利用更宽的连续信道带宽。目标是在不同的部署选项下，在 1～100 GHz 的频率范围内运行，通常在较低的载波频率下，每个基站（宏基站）的覆盖范围较大，在较高的载波频率下，每个基站（微基站和皮基站）的覆盖范围较小。

2. mMTC

mMTC 是指不同机器之间的通信，不需要人类的干预。预计未来连接设备的总数将达到 500 亿。对于这些大量连接设备之间的通信，mMTC 是 5G NR 的主要使用案例之一。mMTC 的各种应用将包括健康监测、车队和物流管理、自动驾驶、工厂自动化、智能计量、监控和安全。在 mMTC 中，来自输入设备的数据由智能设备自动解释，并根据输入生成相应的响应。数据分组的上行链路流通常远大于仅包括查询信息的下行链路流。数据包的大小非常小，但几个设备的连接会增加总流量。大规模物联网（massive Internet of Things，mIoT）也被归类为 mMTC 服务，该服务通过互联网处理众多设备的连接，从而实现自主功能。5G mMTC 用例将支持以下功能：

（1）高连接密度，每平方公里 100 万台设备。

（2）覆盖面更广。

（3）低成本物联网。

（4）室内移动速度高达 10km/h，密集城市为 30km/h，农村为 500km/h。

现有的蜂窝网络是基于只能处理人与人（H2H）通信的技术设计的。这些技术不足以提供机器对机器（M2M）通信。当两台机器之间建立连接时，总是需要可靠性和安全性。

mMTC 有各种各样的应用，每个应用都需要不同的 QoS 和 QoE。在 H2H 通信中，无线资源管理（Radio Resource Management，RRM）程序提高了频谱效率和能量效率，但在 M2M 通信中是不够的。然而，当许多设备试图同时访问网络时，mMTC 可能成为网络拥塞的主要原因。设备的大规模部署可能会导致网络严重拥塞时的延迟和数据包丢失增加。这些问题都将在 5G 网络运行时解决。

3. uRLLC

uRLLC 是 5G NR 最关键的用例之一，它为下一代系统的整个基础设施提供了新颖性；提高了网络的质量，并可能足以支持多个应用程序；可以扩展现有机器的传统边界，并增强其功能。在 4G 中，网络具有较低的可靠性和较高的延迟，因此这些网络不支持各种高级应用。在 5G NR 中，uRLLC 服务确保了系统更低的延迟和更高的可靠性，每个数据包的延迟通常小于 1ms，可靠性为 99.999%。uRLLC 服务可以以两种形式启用：① 替换现有的有线链路；② 使用本机 uRLLC 应用程序。在更换链路的情况下，已存在的链路将替换为新的启用 uRLLC 的链路，以便提高通信质量。如工业 4.0 的设备，其处理的是用支持 uRLLC 的无线连接代替传统的有线连接。然而，本机 uRLLC 连接不是被替换的连接，它们完全是为 uRLLC 应用而设计的，如车辆间（Vehicle to Vehicle，V2V）通信。5G uRLLC 用例将重点满足的各种要求如下：

（1）uRLLC 的用户平面延迟高达 1ms。

（2）控制平面延迟高达 10～20ms。

（3）99.999%成功概率的可靠性。

（4）移动性中断时间小于 1ms。

在 5G NR 中，灵活的帧结构导致了小时隙的形成。这些小时隙有助于小数据包传输。这些插槽是独立的，这意味着它们彼此不依赖。5G NR 的新帧结构负责 uRLLC 传输的即时调度。为了在双时分双工（Time Division Duplexing，TDD）系统中支持 uRLLC，信道感知的稀疏传输技术可以将授权信号转换为稀疏向量。

此外，LDPC 编码的自适应确保了通信链路的高可靠性。广义 LDPC 码用于 uRLLC 传输时，其性能优于传统技术。uRLLC 的服务不仅限于 5G 网络。它还扩展到 5G 以外的网络，具有更严格的延迟和可靠性要求。

4.1.2.2 5G 的主要特点

（1）高速度。未来，移动数据流量和视频内容的需求将显著增加。目前，4G 支持的视频分辨率低于 720p 高清，移动中断时间为 50ms。而 5G NR 系统预计支持 1080p、2K、4K、8K 全高清视频分辨率，移动中断时间小于 1ms。在 5G NR 中，一些应用需要 eMBB 服务，硬延迟要求为 1ms，可靠性为 99.999%。由于 eMBB 和 uRLLC 共存，这类需求可能会导致调度问题，5G 将通过使用基于空间的抢占式调度器对其进行优化。

（2）低时延。5G 的发展使得能够在恶劣的移动环境中评估和测试低延迟应用。越来越多的 5G 用例被引入纯粹依赖无线网络的新行业领域，如车辆通信、监控和医疗保健。这些用例可以通过各种方式受益于实时视频流场景，强调 5G 提供的 eMBB 和 uRLLC 功能集。在这种情况下，视频流有望具有高吞吐量（质量）和极低的端到端（e2e）延迟。一种常见的情况是远程无线访问工作设施，包括对车辆、工厂周围环境或移动救护车中患者的交通进行实时远程监控。

（3）空天地一体化。随着空天地一体化综合网络（Space-air-ground integrated network，SAGIN）的出现，人们越来越热衷于利用现代信息网络技术，将空间、空中和地面网段互连，以进行车辆通信网络创新，为新兴智能交通系统（Intelligent Transport Systems，ITS）提供覆盖范围、灵活性、可靠性和可用性方面的增强服务。特别是，通过各种各样的非地面平台，如低地轨道（Low Earth Orbit，LEO）卫星、无人机（Unmanned Aerial Vehicle，UAV）和高空平台，SAGIN 可以很好地缓解恶劣环境中的不足，随时随地为移动车辆提供全面的三维网络连接。凭借这些独特的优势，SAGIN 有望成为智能交通系统的一部分。鉴于 SAGIN 在智能交通系统中的关键作用，底层连接的效率和安全性是最令人担忧的问题。通常，SAGIN 的空中对地链路被建模为高质量视线（Line of Sight，LoS）信道，这使其在高吞吐量服务中具有优势。

（4）万物互联。物联网的可扩展性和互联网连接能力提供了广泛的应用。在 2017 年的一份报告中估计：到 2020 年，5G 物联网基本架构将实现 8.9 万亿美元的市场价值。一些有趣的物联网应用包括智能可穿戴设备、智能筛查、机器人控制和无人机监控，当前的通信系统无法管理物联网设备提供的大量信息，因此，无法检查网络的延迟和网络可靠性。许多新兴物联网应用的有效性和可行性，如自动驾驶汽车和机器人手术需要极高的可靠性和极低的延迟。因此，新的无线通信系统 5G 被引入，可解决当前蜂窝网络面临的问题，并提高 QoS，以满足多样化的物联网应用需求。而社会生活中大量以前不可能联网的设备也会进行联网工作，更加智能。汽车、井盖、电线杆、垃圾桶等公共设施，以前管理起来非常难，也很难做到智能化。而 5G 可以让这些设备都成为智能设备。

4.1.3 5G 组网技术

3GPP 在 Release 15 中规定了建设 5G NR 接入的 2 种方案，分别称为非独立部署（Non-Standalone，NSA）与独立部署（Standalone，SA）。

NSA 方案能够利用现有的 LTE 基础设施快速铺开 5G 建设，拥有时效与经济上的优势，但无法支持 uRLLC 与网络切片等部分 5G 标准。相对地，SA 组网方案不依赖现有 LTE 设施，仅使用 NR 接入，也因此能够使用 5G 的全部功能标准。

3GPP 在 NR 接入方案中提出了 6 种架构方案。SA 接入方案包含 Option 1、2 与 5；NSA 接入方案包含 Option 3、4 与 7。其中 Option 1 完全使用 LTE 基础设施，与 5G NR 的接入设计无关。Option 4 与 Option 3 一致，仅核心网变为 5GC，与本设计无关。故 Option 1 与 Option 4 在下文不做赘述。

4.1.3.1 NSA 接入方案

1. Option 3 方案

在 Option 3 方案中，en-gNB 基站部署在 LTE 网络中，不需要建设 5G 核心网络（5G Core network，5GC）；由于直接通过现有的大规模 LTE 网络提供 5G 接入，使用该方案将能快速完成 5G 服务建设。

Option 3 还有 2 个变种方案，称为 Option 3a 或 Option 3x，见图 4-1。从控制平面的角度来看，它们的共同点是演进后的基站节点（evolved Node B，eNB）都连接到 4G 核心网（Evolved Packet Core，EPC），而 en-gNB（在 Option 3 系列的 NSA 组网架构下，和 4G 核心网对接的 5G 基站，称为 en-gNB）通过 X2 接口与 eNB 一同运作。在 Option 3 中，eNB 直接把用户平面的数据从 EPC 通过 LTE 空中接口传输到用户设备（User Equipment，UE），或是通过 X2 接口把一部分用户流量转发到 en-gNB。在 Option 3a 中，EPC 能从 eNB 或 en-gNB

收发流量。Option 3x 则是 Option 3 与 Option 3a 的组合方案，用 EPC 将用户流量传送到 eNB 或 en-gNB，再行通过空中接口转发到 UE。此时的 en-gNB 转发用户平面流量可以通过 NR 空中接口直接发送至 UE，也可以经由 X2 接口用 eNB 间接完成传送。现网 Option 3x 方案见图 4-2。

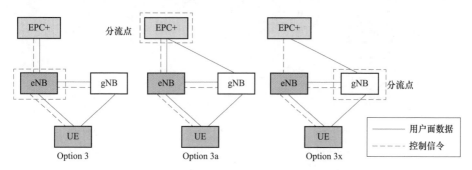

图 4-1　Option 3、Option 3a 和 Option 3x

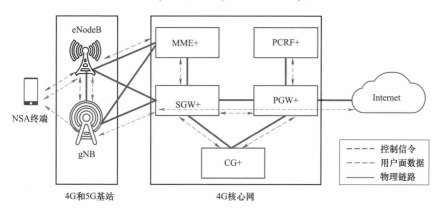

图 4-2　现网 Option 3x 方案

2. Option 7 方案

Option 7 方案的特点是 eNB 直接接入 5G 核心网，且 eNB 和 5G 基站（next Generation NodeB，gNB）保持互连。若使用这个方案，必须将 eNB 升级成 ng-eNB 才能与 5GC 及 gNB 借由 NGEN-DC（NG-Enb NR Dual Connection）完成 NR 和 LTE 的聚合互连。Option 7 同样有 3 个变种。

在控制平面上，在所有 Option 7 系列变种方案中 ng-eNB 都与 5GC 相连，并通过 Xn 接口与 gNB 互连。但在用户平面上有所不同：Option 7 中 ng-eNB 完成流量的分流，但在 Option 7a 中分流在 5GC 上完成；Option 7 中 ng-eNB 通过 LTE 空中接口从 5GC 向 UE 直接发送数据，或通过 Xn 接口将部分流量转发至 gNB；Option 7a 中的 5GC 能对 ng–eNB 或 gNB 收发数据，ng–eNB 再行将数据通过 LTE 转发至 UE，gNB 将数据通过 NR 空中接口或 Xn 接口将数据发送到 UE。

Option 3 和 Option 7 方案及异同对比见图 4–3 和表 4–1。

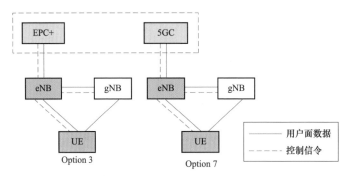

图 4–3　Option 3 和 Option7 方案

表 4–1　　　　　　　　　Option 3 和 Option 7 方案异同对比表

NSA 方案	相同点	不同点
Option 3	控制锚点为 4G 基站	核心网为升级后的 4G 核心网
Option 7		核心网为 5G 核心网

4.1.3.2　SA 接入方案

1. Option 2 方案

Option 2 方案中 gNB 与 5GC 相连接。在该方案下，gNB 无须 LTE 网络的支持就能与 UE 通信，且建成后立刻就具有 5GC 与无线接入网（Radio Access Network，RAN）。该方案能完全支持 eMBB、mMTC、uRLLC 以及网络切片。由于该方案无须考虑系统兼容，工作量会比将升级 eNB 基站以支持 NR 小。

2. Option 5 方案

Option 5 方案中，ng–eNB 基站通过 NG 接口连接到 5GC，但无须与 NR 系统相连。5GC 将替代现有 LTE 网络中的 EPC，但 eNB 需要升级才能接入 5GC。ng–eNB 能提供一些 5GC 的功能优势，如网络切片；但又因为 Option 5 无法使用 5G NR 空中接口的一些功能（如毫米波、可变帧结构等），这种优势并不明显。

SA 5G 网络架构见图 4–4。

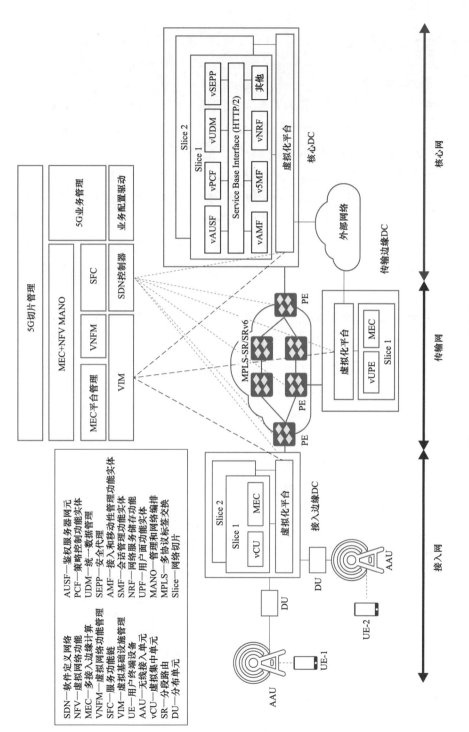

图 4-4 SA 5G 网络架构

4.1.4　5G 接入技术

1. 大规模 MIMO

对大容量基站设备的急切需求是推动大规模 MIMO 快速发展的主要因素之一。除此之外，高频段的使用和有源天线系统（Active Antenna System，AAS）技术的成熟是实现大规模 MIMO 落地应用的主要推动力。

相比于传统的 MIMO 技术，大规模 MIMO 具有如下特性：

（1）更好的信号传播条件提高传输质量。随着天线数量的增加，用户终端间信道的相关性降低，使得信道趋于最佳传播条件。同时，在发射端已知信道状态信息的前提下，可通过预编码等技术削弱噪声和多径效应的影响。信号传播条件的改善，不但有利于提升单个用户的传输质量，而且可有效降低不同位置用户体验的差异性。

（2）更窄的波束增强覆盖能力。大规模 MIMO 通过对每个天线振子的数字化控制，可将辐射能量集中于目标空间内，形成更窄的波束，大规模 MIMO 先进的波束赋形技术如图 4-5 所示。窄波束一方面能够将电磁波信号传播到更远的位置，扩大基站的覆盖范围；另一方面降低了传输之间的干扰，能有效提高边缘用户的传输速率。由此可见，大规模 MIMO 可利用更窄的波束提高基站的覆盖能力。5G 的工作频段较高，信号传播特性差，利用大规模 MIMO 补偿高频信号的弱覆盖，对实现 5G 连续覆盖具有重要意义。

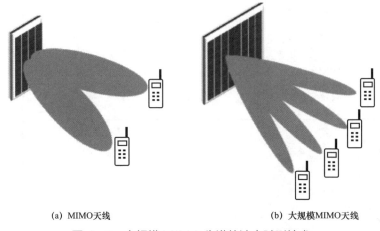

(a) MIMO天线　　　　　　　　(b) 大规模MIMO天线

图 4-5　大规模 MIMO 先进的波束赋形技术

（3）更高的空间复用增益提高小区容量。多用户 MIMO（Multi-User MIMO，MU-MIMO）技术可使基站在相同的时频资源上同时为多个用户服务，即利用空间复用增益获得基站容量和频谱效率的提升。在大规模 MIMO 中，基站侧天线数量显著增加，可发射的独立数据流数量更多，因而利用 MU-MIMO 技术可同时为更多终端提供服务。因此，相比于传统 MIMO 天线，大规模 MIMO 可成倍提升小区容量。

（4）增加垂直方向波束扩展覆盖维度。在无源多天线系统中，波束赋形固定在一个二维平面上，通常称为水平方向波束赋形。有源天线系统增加了波束赋形的维度，使大规模 MIMO 可实现垂直方向的波束赋形，打破了室外基站无法覆盖高层建筑的桎梏。能够实现垂直方向波束赋形的多天线系统也被称为 3D-MIMO 或 FD-MIMO，3D-MIMO 示意见图 4-6。3D-MIMO 降低了高层覆盖的难度，减少了对室分系统的需求，为无人机等未来的先进技术的应用提供了有力支撑。

（5）降低空口时延。大规模 MIMO 可有效对抗多径效应，降低了由于多径效应导致的空口时延。

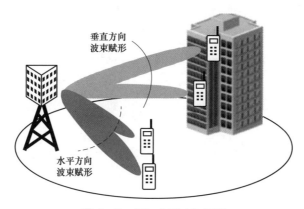

图 4-6 3D-MIMO 示意

（6）低功耗、低成本的天线单元。大规模 MIMO 设备中采用大量低功耗、低成本的天线单元，通过对天线单元的智能化管理实现各种先进技术。大规模 MIMO 天线并不是采用单一的大型功率放大器，而是使用了多个小型功率放大器，其成本更低，放大器损耗也更低。另外，因为将原有的远程射频单元（Remote Radio Unit，RRU）功能整合到天线中，相应减少了馈线损耗。因此，大规模 MIMO 降低了能量消耗，极大地提升了移动通信系统的能量效率。

2. 5G NR 大规模天线结构

5G NR 支持下行最大 32 天线端口、上行最大 4 天线端口。基站和用户终端支持矩形天线阵列，5G NR 大规模天线结构如图 4-7 所示。基于此结构，5G NR 可灵活支持多种天线间隔、天线振子数量、天线端口布局和天线极化方法。

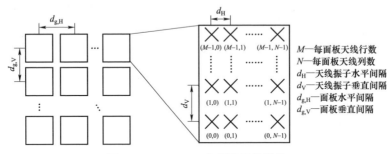

图 4-7 5G NR 大规模天线结构

3. 波束赋形技术

波束赋形是用于天线阵列的信号处理技术，用于用户定向信号的传输或接收。波束成形技术通过输入权重向量对天线阵列中的振子进行调整，利用空间信道的强相关性和波的干涉原理使特定角度的信号增强，而使其他角度的信号削弱，最终获得方向性较强的辐射方向图。

在实际应用中，波束赋形主要有以下 3 种形式：

（1）单流波束赋形。基站的全部天线参与波束赋形，共产生一个具有方向性的窄波束，在某一时刻上只服务一个用户，即单流的数据传输，如图 4-8（a）所示。

（2）分组波束赋形。基站中的天线分成多个组，每组内的天线共同参与波束赋形，基站可产生指向不同方向的波束，但仍然为单流数据传输，如图 4-8（b）所示。

（3）基于分组波束赋形的空分多址。基站中的天线分成多个组，每组内的天线共同参与波束赋形，且产生的波束在空间分离、互不干扰，从而基站可同时服务于多个用户，即为多流数据传输，也就是多用户 MIMO，如图 4-8（c）所示。

在波束赋形技术中，不同的权重向量将产生不同方向的波束。根据权重向量是否预先定义，波束赋形技术可以分为固定权重波束赋形和自适应波束赋形。

固定权重波束赋形是指根据预先定义好的权重向量进行波束赋形。针对不同位置的用户，基站在一组权重向量中选择最接近用户位置的波束与用户建立连接。固定权重波束赋形的好处是无须实时进行权重向量的计算，简化了天线系统。但由于预先定义的权重向量无法遍历所有方向，当用户位置刚好位于两个波束之间时，无论选择哪个波束都无法获得较为理想的传输链路。在固定权重波束赋形中，权重向量也称为码本。

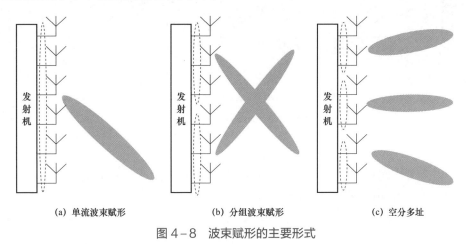

(a) 单流波束赋形　　　　　(b) 分组波束赋形　　　　　(c) 空分多址

图 4-8　波束赋形的主要形式

自适应波束赋形是指根据用户位置和实时的信道状态信息计算出最优的权重向量，从而获得与用户最匹配的波束方向。自适应波束赋形不但可为所有用户提供最佳波束，同时能够在可能产生干扰的方向上形成零陷，从而降低小区间干扰。因此，自适应波束赋形可极大地提升用户体验和小区吞吐量。然而，自适应波束赋形的计算复杂度随着天线数量和用户数量的增加而激增，可用于实际系统的自适应波束赋形算法还有待进一步研究。

5G NR 采用了固定权重的波束赋形技术。系统预先定义了一组满足 3GPP R15 标准要求的码本（即权重向量）。为了充分发挥大规模 MIMO 和波束赋形技术的优势，NR 定义了一系列波束管理（Beam Management）方法和步骤，包括波束扫描（Beam Sweeping）、波束测量（Beam Measurement）、波束判决（Beam Determination）和波束报告（Beam Report）。以下行传输为例，在初始接入阶段，gNB 以时分形式，根据预先定义的码本重复发送同步信号和广播信道，初始波束选择如图 4-9（a）所示。这个步骤中的波束较宽，主要用于终端快速获得接入所需的信息，同时 gNB 初步判断适合终端的波束方向。图 4-9（a）中 gNB 发射波束具有针对终端位置的最优的指向性。进一步地，gNB 在发射波束的基础上对波束进行精细化处理,以获得更精准的波束方向,如图 4-9 (b)所示。根据 gNB 最终判决的发射波束,终端从自己预先定义的码本中选择最优的码本进行接收,形成最适合的接收波束,如图 4-9(c)所示。

(a) 初始波束选择　　　　　(b) 基站发射波束精细化　　　　　(c) 终端接收波束精细化

图 4-9　5G NR 波束管理

4. 上下行 OFDM

(1)参数配置。与 LTE 系统不同,5G NR 采用了变化的子载波间隔,以支持 5G 极宽的频谱范围和满足不同的业务需求。

为了描述波形的变化,3GPP 在 R14 的 TR 38.802 中定义了参数集(Numerology)的概念。参数集包含子载波间隔(Δf)和循环前缀(Cyclic Prefix, CP)长度两个参数。子载波间隔以 15kHz 为基准,按 image.png 比例扩展(μ 即 2 的次方倍率)。CP 长度随子载波间隔不同而不同,并分为常规 CP 和扩展 CP。目前,5G NR 参数集如表 4-2 所示。

表 4-2　　　　　　　　　　　　　5G NR 参数集

μ	$\Delta f = 2^{\mu} \times 15\text{kHz}$	CP 类型	频率范围	是否支持数据传输	是否支持同步信号传输
0	15	常规	FR1	是	是
1	30	常规	FR1	是	是
2	60	常规、扩展	FR1/FR2	是	是
3	120	常规	FR2	是	是
4	240	常规	FR2	否	是

NR 的子载波间隔最小为 15kHz,与 LTE 系统一致。15kHz 子载波间隔的 CP 开销较小,在 LTE 系统的频段(＜6GHz)上对相位噪声和多普勒效应有较好的顽健性。以 15kHz 作为扩展的基准,可使 NR 与 LTE 有较好的兼容性。在 NR 的毫米波频段上,相位噪声随频率的增加而增加。此时,扩展子载波间隔有利于对抗相位噪声。按 2^{μ}($\mu = \{0, 1, 2, 3, 4\}$)比例扩展的设计,一方面使 NR 可支

持多种信道带宽、满足多样的应用和部署需求，另一方面有利于不同参数集波形的共存、实现灵活调度。

从覆盖能力的角度看，较小的子载波间隔可实现较大的覆盖范围；从频率的角度看，高频信号相位噪声大，因而必须适当提高子载波间隔。不同子载波间隔用例如图 4 – 10 所示。

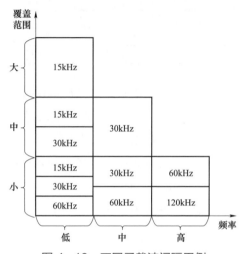

图 4 – 10　不同子载波间隔用例

（2）帧结构和资源块。在 5G NR 中，1 个时间帧（Frame）的长度为 10ms，包含了 10 个长度为 1ms 的子帧，这与 LTE 的时间帧设计相同。NR 的每个子帧包含的时隙数量与子载波间隔有关。在常规 CP 下，每个时隙固定由 14 个正交频分复用调制（Orthogonal Frequency Division Modulation，OFDM）符号组成（在非常规 CP 下为 12 个 OFDM 符号）。当子载波间隔为 15kHz 时，每个 OFDM 符号长度为 66.67μs（1/15kHz），常规 CP 长度为 4.7μs，则相应的一个时隙的长度为 14×（66.67μs＋4.7μs）≈1ms，因此，15kHz 子载波间隔的每个子帧包含 1 个时隙。5G NR 时间帧结构如图 4 – 11 所示。

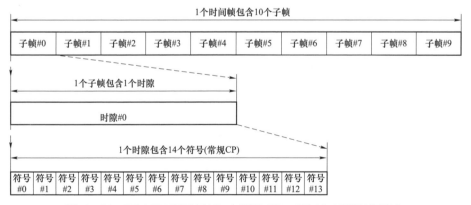

图 4 – 11　5G NR 时间帧结构（常规 CP、15kHz 子载波间隔）

对于子载波间隔为 15kHz×2$^\mu$（μ＝1，2，3，4）的波形，OFDM 符号长度（以及 CP 长度）按比例缩小，时隙长度相应地按 1/2μ ms 的规律缩短。表 4 – 3 列举了不同子载波间隔下的时隙长度。

表4-3   不同子载波间隔下的时隙长度

Δf (kHz)	时隙长度（ms）	每子帧包含的时隙数量
15	1	1
30	0.5	2
60	0.25	4
120	0.125	8
240	0.062 5	16

LTE 中定义了资源块（Resource Block，RB）作为资源调度的基本单元，1个资源块在频域上包含 12 个连续的子载波，在时域上持续 1 个时隙长度（0.5ms）。5G NR 沿用了 LTE 的上述资源块概念。由于 NR 定义了多种不同的参数集，因而有几种不同的资源块结构。如 15kHz 子载波间隔下，1 个资源块频域上为 180kHz、时域上持续 1ms；30kHz 子载波间隔下，1 个资源块频域上为 360kHz、时域上持续 0.5ms。不同子载波间隔用例如图 4-12 所示。

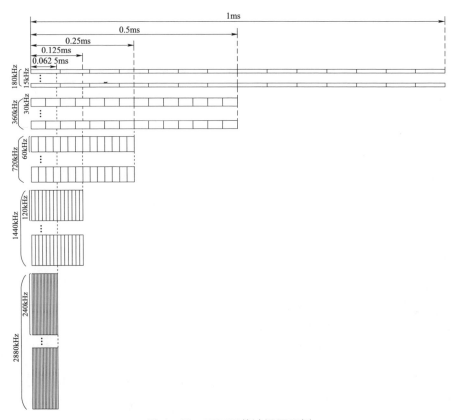

图 4-12　不同子载波间隔用例

（3）最小时隙和时隙聚合。在频域上，5G NR 定义了多种子载波间隔以适应多样的部署和应用场景；在时域上，5G NR 定义了多种时间调度粒度，增强调度的灵活性，以满足不同业务应用的需求。LTE 的时间调度粒度为 1 个时隙。在此基础上，5G NR 增加了最小时隙（Mini-Slot）和时隙聚合（Slot Aggregation）两种时间调度的概念。最小时隙是指资源分配的时间粒度可小于 1 个时隙。R15 中定义的最小时隙在常规 CP 下可为 2、4 或 7 个符号，在扩展 CP 下可为 2、4 个符号或 6 个符号。基于最小时隙的调度有两个主要的适用场景：非授权频谱传输和低延迟业务。

使用非授权频谱是移动通信系统扩展频谱资源的重要手段之一。非授权频谱上的业务非常繁忙，抢占信道最好的方法是一旦发现信道空闲马上开始传输。在 LTE 中，资源调度以时隙为单位，即使监听到信道空闲，也必须等到下一个时隙开始进行传输，如图 4-13（a）所示。在等待下一个时隙开始的间隙，非授权频谱信道很可能被其他业务占用。5G NR 基于最小时隙的调度，可在任意符号位置发起传输，因此，可以在监听到信道空闲后马上进行传输，迅速占据非授权频谱上的信道，极大地提高了使用非授权频谱的成功率，如图 4-13（b）所示。

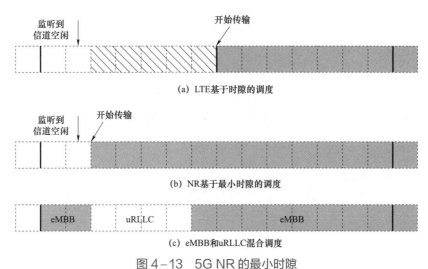

(a) LTE基于时隙的调度

(b) NR基于最小时隙的调度

(c) eMBB和uRLLC混合调度

图 4-13　5G NR 的最小时隙

uRLLC 业务的主要特点是数据量小、延迟要求高。图 4-13（c）表示一个 eMBB 和 uRLLC 混合调度的例子。通常 eMBB 业务对延迟不敏感，因此，可将 uRLLC 业务嵌入到 eMBB 业务的资源中。由于 uRLLC 业务仅占少量符号资源［图 4-11（c）中仅为 4 个 OFDM 符号］，因此，对 eMBB 的影响可忽略。而 uRLLC 无须等到 eMBB 结束后再开始，这极大地降低了传输延迟。

与最小时隙相反，5G NR 的时隙聚合是将一次传输调度扩展到两个或更多时隙上，其概念类似于载波聚合。时隙聚合可为数据量较大的业务（如 eMBB 场景）分配多个连续时隙，如图 4-14 所示。

图 4-14　5G NR 的时隙聚合

时隙聚合可减少控制信令的开销，提高资源利用率。另外，结合重复传输机制，时隙聚合还有利于增强覆盖。

（4）时隙结构。5G NR 采用了一种"自包含"的时隙结构，即每个时隙中包含了解调解码所需的解调参考信号和必要的控制信息，使终端可以快速地对接收到的数据进行处理，降低端到端的传输延迟。

在 5G NR 中，一个时隙可以是全上行或全下行配置，也可以是上下行混合配置，5G NR 的时隙结构如图 4-15 所示。在混合配置的时隙中，上行符号与下行符号存在一段保护间隔。为了进一步增加调度的灵活性，一个时隙内最多允许有两次上下行切换。时隙内符号的配置可以是静态、半静态甚至是动态的。

图 4-15　5G NR 的时隙结构

实际上，5G NR 定义了 3 种符号类型：上行符号、下行符号和灵活符号。其中，上、下行符号通常由网络侧决定，而灵活符号可由终端决定为上行或是下行。5G NR 的时隙格式如表 4-4 所示（表中 D 代表下行符号，U 代表上行符号，F 代表灵活符号）。

表 4-4　　　　　　　　　　　　5G NR 的时隙格式

编号	时隙中的符号位置														上行符号数量	下行符号数量	灵活符号数量
	0	1	2	3	4	5	6	7	8	9	10	11	12	13			
0	D	D	D	D	D	D	D	D	D	D	D	D	D	D	0	14	0
1	U	U	U	U	U	U	U	U	U	U	U	U	U	U	14	0	0
2	F	F	F	F	F	F	F	F	F	F	F	F	F	F	0	0	14
3	D	D	D	D	D	D	D	D	D	D	D	D	D	F	0	13	1
4	D	D	D	D	D	D	D	D	D	D	D	D	F	F	0	12	2
5	D	D	D	D	D	D	D	D	D	D	D	F	F	F	0	11	3
6	D	D	D	D	D	D	D	D	D	D	F	F	F	F	0	10	4
7	D	D	D	D	D	D	D	D	D	F	F	F	F	F	0	9	5
8	F	F	F	F	F	F	F	F	F	F	F	F	F	U	1	0	13
9	F	F	F	F	F	F	F	F	F	F	F	F	U	U	2	0	12
10	F	U	U	U	U	U	U	U	U	U	U	U	U	U	13	0	1
11	F	F	U	U	U	U	U	U	U	U	U	U	U	U	12	0	2
12	F	F	F	U	U	U	U	U	U	U	U	U	U	U	11	0	3
13	F	F	F	F	U	U	U	U	U	U	U	U	U	U	10	0	4
14	F	F	F	F	F	U	U	U	U	U	U	U	U	U	9	0	5
15	F	F	F	F	F	F	U	U	U	U	U	U	U	U	8	0	6
16	D	F	F	F	F	F	F	F	F	F	F	F	F	F	0	1	13
17	D	D	F	F	F	F	F	F	F	F	F	F	F	F	0	2	12
18	D	D	D	F	F	F	F	F	F	F	F	F	F	F	0	3	11
19	D	F	F	F	F	F	F	F	F	F	F	F	F	U	1	1	12
20	D	D	F	F	F	F	F	F	F	F	F	F	F	U	1	2	11
21	D	D	D	F	F	F	F	F	F	F	F	F	F	U	1	3	10
22	D	F	F	F	F	F	F	F	F	F	F	F	U	U	2	1	11
23	D	D	F	F	F	F	F	F	F	F	F	F	U	U	2	2	10
24	D	D	D	F	F	F	F	F	F	F	F	F	U	U	2	3	9
25	D	F	F	F	F	F	F	F	F	F	F	U	U	U	3	1	10
26	D	D	F	F	F	F	F	F	F	F	F	U	U	U	3	2	9
27	D	D	D	F	F	F	F	F	F	F	F	U	U	U	3	3	8
28	D	D	D	D	D	D	D	D	D	D	D	D	F	U	1	12	1
29	D	D	D	D	D	D	D	D	D	D	D	F	F	U	1	11	2
30	D	D	D	D	D	D	D	D	D	D	F	F	F	U	1	10	3
31	D	D	D	D	D	D	D	D	D	D	D	F	U	U	2	11	1
32	D	D	D	D	D	D	D	D	D	D	F	F	U	U	2	10	2
33	D	D	D	D	D	D	D	D	D	F	F	F	U	U	2	9	3
34	D	F	U	U	U	U	U	U	U	U	U	U	U	U	12	1	1
35	D	D	F	U	U	U	U	U	U	U	U	U	U	U	11	2	1
36	D	D	D	F	U	U	U	U	U	U	U	U	U	U	10	3	1
37	D	F	F	U	U	U	U	U	U	U	U	U	U	U	11	1	2
38	D	D	F	F	U	U	U	U	U	U	U	U	U	U	10	2	2
39	D	D	D	F	F	U	U	U	U	U	U	U	U	U	9	3	2
40	D	F	F	F	U	U	U	U	U	U	U	U	U	U	10	1	3

续表

编号	时隙中的符号位置														下行符号数量	上行符号数量	灵活符号数量
	0	1	2	3	4	5	6	7	8	9	10	11	12	13			
41	D	D	F	F	F	U	U	U	U	U	U	U	U	U	2	9	3
42	D	D	D	F	F	F	U	U	U	U	U	U	U	U	3	8	3
43	D	D	D	D	D	D	D	D	D	F	F	F	F	U	9	1	4
44	D	D	D	D	D	D	F	F	F	F	F	F	U	U	6	2	6
45	D	D	D	D	D	D	F	F	U	U	U	U	U	U	6	6	2
46	D	D	D	D	D	F	U	D	D	D	D	D	F	U	10	2	2
47	D	D	F	U	U	U	U	D	D	F	U	U	U	U	4	8	2
48	D	F	U	U	U	U	U	D	F	U	U	U	U	U	2	10	2
49	D	D	D	D	F	F	U	D	D	D	D	F	F	U	8	2	4
50	D	D	F	F	U	U	U	D	D	F	F	U	U	U	4	6	4
51	D	F	F	U	U	U	U	D	F	F	U	U	U	U	2	8	4
52	D	F	F	F	F	F	U	D	F	F	F	F	F	U	2	2	10
53	D	D	F	F	F	F	U	D	D	F	F	F	F	U	4	2	8
54	F	F	F	F	F	F	F	D	D	D	D	D	D	D	7	0	7
55	D	D	F	F	F	U	U	U	D	D	D	D	D	D	8	3	3
56 ~ 254	保留																
255	用户根据"*tdd-UL-DL-ConfigurationCommon*""*tdd-UL-DL-ConfigurationCommon2*"或者"*tdd-UL-DL-ConfigDedicated*"，以及专有 DCI 格式（如果有）判断时隙格式																

5. 物理信道与调制编码

相比于 LTE，5G NR 简化了物理信道的定义，取消了小区专用参考信号，增加了相位追踪参考信号。5G NR 物理信道和信号结构有利于提高频谱利用率和降低端到端延迟。

具体地，5G NR 定义了以下 3 种物理下行信道：

（1）物理下行共享信道（Physical Downlink Shared Channel，PDSCH）。

（2）物理下行控制信道（Physical Downlink Control Channel，PDCCH）。

（3）物理广播信道（Physical Broadcast Channel，PBCH）。

5G NR 的上行物理信道同样有 3 种，包括：

（1）物理上行共享信道（Physical Uplink Shared Channel，PUSCH）。

（2）物理上行控制信道（Physical Uplink Control Channel，PUCCH）。

（3）物理随机接入信道（Physical Random Access Channel，PRACH）。

5G NR 定义的参考信号均为用户专用参考信号，降低了参考信号的开销，同时也降低了终端解调信道的时延。NR 定义的参考信号包括以下几种：

（1）主同步信号（Primary Synchronization Signal，PSS）和辅同步信

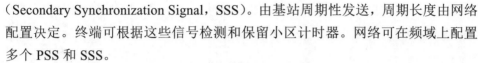

（Secondary Synchronization Signal，SSS）。由基站周期性发送，周期长度由网络配置决定。终端可根据这些信号检测和保留小区计时器。网络可在频域上配置多个 PSS 和 SSS。

（2）解调参考信号（Demodulation RS，DMRS）。附着于物理信道内，用于对相应物理信道进行相干解调。

（3）相位追踪参考信号（Phase Tracking Reference Signal，PTRS）。附着于物理信道内，可用于对一般的相位误差进行纠错，也可用于对多普勒频移和时变信道进行追踪。

（4）信道状态信息参考信号（Channel State Information-Reference Signal，CSI-RS）。用于终端估计信道状态信息。终端将对信道状态信息的估计反馈给 gNB，gNB 根据得到的反馈进行调制编码策略选择、波束赋形、MIMO 秩选择和资源分配。CSI-RS 的传输可以是周期性、非周期性和半持续性的，速率由 gNB 配置。CSI-RS 也可用于干扰检测和精细的时频资源追踪。

（5）寻呼参考信号（Sounding Reference Signal，SRS）。SRS 是上行参考信号，gNB 可根据接收到的 SRS 估计上行信道状态信息，协助上行调度、上行功率控制和下行传输（如在上下行互易的场景中可用于下行波束赋形）。SRS 由 UE 周期性传输，速率由 gNB 配置。

5G NR 的物理信道和信号见表 4-5。

表 4-5　　　　　　　　　5G NR 的物理信道和信号

	NR 信道/信号	描述	LTE 等效信道/信号
上行	PUSCH PUSCH-DMRS PUSCH-PTRS	物理上行共享信道 解调 PUSCH 的参考信号 解调 PUSCH 的相位追踪参考信号	PUSCH PUPSCH-DMRS 无
	PUCCH PUCCH-DMRS	物理上行控制信道 解调 PUCCH 的解调参考信号	PUCCH PUCCH-DMRS
	PRACH	物理随机接入信道	PRACH
	SRS	寻呼参考信号	SRS
下行	PDSCH PDSCH-DMRS PDSCH-PTRS	物理下行共享信道 解调 PDSCH 的解调参考信号 解调 PDSCH 的相位追踪参考信号	PDSCH PDSCH-DMRS 无
	PBCH PBCH-DMRS	物理广播信道 解调 PBCH 的解调参考信号	PBCH 无
	PDCCH PDCCH-DMRS	物理下行控制信道 解调 PDCCH 的解调参考信号	PDCCH PDCCH-DMRS
	CSI-RS	信道状态信息参考信号	CSI-RS
	PSS	主同步信号	PSS
	SSS	辅同步信号	SSS

R15 中定义了多种 5G NR 调制策略，可用于应对不同的传输场景和应用需求。5G NR 的调制策略如表 4-6 所示。

表 4-6   5G NR 的调制策略

内容		调制方式	符号速率
下行	数据和高层控制信息	QPSK、16QAM、64QAM、256QAM	每 1440kHz 资源块 1344ksymbols/s；等效于每 180kHz 资源块 168ksymbols/s
	L1/L2 控制信息	QPSK	
上行	数据和高层控制信息	π/2-BPSK（如果启用预编码）、QPSK、16QAM、64QAM、256QAM	每 1440kHz 资源块 1344ksymbols/s；等效于每 180kHz 资源块 168ksymbols/s
	L1/L2 控制信息	BPSK、π/2-BPSK、QPSK	

在差错控制编码方面，5G NR 摒弃了 4G 的 Turbo 码，选用了低密度奇偶校验（Low Density Parity Check，LDPC）码和 Polar 码，分别用于数据信道编码和控制信道编码。5G NR 编码策略见表 4-7。

表 4-7   5G NR 编 码 策 略

内容		编码策略
数据信息		码率为 1/3 或 1/5 的 LDPC 码，结合速率匹配
L1/L2 控制信息	DCI/UCI：大于 11bit	Polar 码，结合速率匹配
	DCI/UCI：3～11bit	Reed-Muller 编码
	DCI/UCI：2bit	Simplex 编码
	DCI/UCI：1bit	重发

4.2 5G 行业应用的八大基础能力

在行业应用端，5G 传输技术能够构建八大基础能力，形成场景化方案，从而满足不同行业所涉及的不同运营需求。

（1）上行大带宽。上行大带宽服务主要用于满足实时监控视频流、无人机摄影摄像实时回传等行业应用的普遍需求，是 5G 技术切入行业应用的重要突破口。上行大带宽服务主要包括三种技术：① 边缘超级上行，即通过在广域或者局部服务区域的边缘部署专门的上行接入能力，提升区域边缘的吞吐量，适用于警务、直播等场景；② 上行时隙配比，即通过改变下行和上行传输帧的传

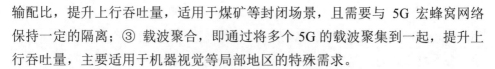

输配比，提升上行吞吐量，适用于煤矿等封闭场景，且需要与 5G 宏蜂窝网络保持一定的隔离；③ 载波聚合，即通过将多个 5G 的载波聚集到一起，提升上行吞吐量，主要适用于机器视觉等局部地区的特殊需求。

（2）低时延传输。低时延传输主要面向的是自动化控制类的基本业务需求，典型的业务场景包括配电网络的差动保护和实时相位测量等。低时延传输主要包括两种技术：① 智能调度策略，即基站向终端下发下行业务后，同时在终端上行的传输窗口内进行上行传输的预授权，提前为终端上行响应预留通道，减少上行资源重新调度带来的开销，降低上行传输时延；② 端到端低时延通道，即通过对网络架构和空口传输的一体化分析，利用空口传输中的多流并发和冗余备份，以及网络架构中的数据本地分流、部署边缘计算能力等举措降低信息的网络回传时延，从而满足不同业务的时延要求。

（3）高可靠传输。高可靠传输主要针对企业的操作运行系统，服务于高效、安全、确定地数据传输。高可靠传输有助于增强企业感知，减少业务中断发生的可能性。行业应用中的高可靠传输主要包括两种技术：① 双终端接入，即通过接入主备终端通过双链接的方式接入网络，有效提高系统可靠性；② 混合重传技术，即通过合并多次传输的信息增加终端侧的接收信噪比，提升终端信息接收的可靠性。

（4）移动边缘计算。移动边缘计算主要是将本地数据分流技术和 5G 网络边缘侧计算能力的集中部署相结合，通过本地化部署的方式满足真实的低时延业务需求和数据管理需要，保证数据安全。行业应用中的移动边缘计算主要包括两个常见的特性：① 网络功能虚拟化（Network Function Virtualization，NFV），即通过虚拟化技术将网络节点的各个功能分割成功能区块，并以软件方式实现功能的重构和整合；② 软件定义网络（Software Defined Network，SDN），即通过将网络设备的控制面与数据面进行分离，实现网络边缘流量的灵活管理。

（5）端到端网络切片。端到端网络切片技术主要是通过软件的虚拟化将同一物理实体或者基础设施分离出多个虚拟的端到端网络，构建多个相互隔离、按需定制的专用网络切片。对于每个端到端的网络切片可以包含从无线接入网、承载网到核心网的各个功能单元，服务多个同类用户或者用户群体，以适配各种各样类型的应用。行业应用中的端到端网络切片主要包括以下技术：① 服务等级协议（Service Level Agreement，SLA）制度，通过基于服务质量的调度、传输资源预留和频谱切片等形式实现多种逻辑/物理上的隔离，并提供端到端网络切片的差异化服务；② 动态资源管理技术，通过动态调整端到端网络切片的构成模式，实现不同的吞吐量、传输时延和可靠性，从而服务多种行业的应用场景。

（6）精准授时。精准授时主要针对智能电网、机械控制等 5G 行业应用中的高精度时钟同步需求，以精准时间同步来实现工业设备高效运行。一般的授时精度需要达到微秒级，如电网差动保护周期采样中需要在 20ms 内完成对电流、电压、相角的 24 次采样，平均采样周期为 0.83ms。再者，如工业无人搬运车（Automated Guided Vehicle，AGV）需通过管控系统统一控制，行走路线、举升等工作均需精准同步，多个无人搬运车之间的同步操控需达到微秒级别。通过 5G 网络的切片功能和独立组网架构，可以将 GPS、北斗或 1588 同步到一个绝对时钟源，确保授时精度在 0.1μs 以内。

（7）高安全性。高安全性主要针对当前网络存在的安全风险，主要包括非授权终端的接入、网络切片的非法访问和资源盗用、第三方应用的恶意攻击、用户面和边缘平台的数据信息泄露等。5G 网络主要通过以下五种方式，构筑"端－管－边－云"四位一体的端到端安全能力：① 终端安全认证，即通过双向鉴权加密、机卡绑定、限制特定终端接入切片、限制仅能从园区基站接入切片和二次认证等方式；② 切片安全认证，即主要包含空口数据保护、IPSec 虚拟专用网络（Virtual Private Networks，VPN）加密等方式；③ 移动边缘计算安全认证，即通过在 5G 核心网和移动边缘之间部署防火墙，并使用特定的安全扫描软件和管理软件等；④ 企业私有云安全认证，即通过企业私有云部署防火墙和代理服务器等隔绝外界病毒的侵入；⑤ 安全能力开放，即通过 5G 网络支撑安全能力的开放，实现网络安全的服务化。

（8）5G 局域网。5G 局域网（Local Area Networks，LAN）是 3GPP 组织在 5G Release 16 版本中引入的新技术，主要解决垂直行业应用中大量传感设备部署面临的移动性限制问题。相对于光纤高昂的铺设成本和 WiFi 移动性、安全性差等突出问题，5G 局域网能够同时为行业用户提供层 2 的局域网接入服务和层 3 的 VPN 服务，并提供基于 5G 技术的行业用户移动性管理。5G 局域网新增的三大功能包括：① 集群管理能力，即可以根据用途组织不同的集群，实现集群内的局部通信；② 层 3 组播能力，即可以实现基于互联网协议的视频组播，并支持层 2 的链路转发功能；③ 简化的用户面传输，即取消了用户面的动态路由功能，实现用户面功能的灵活部署，减少行业用户在移动过程中因用户面功能迁移而产生的服务间断问题。

4.3　5G 支持下的电力行业应用

4.3.1　面向电力行业应用的 5G 先进组网技术

4.3.1.1　SDN、NFV 和网络切片

根据国际电信联盟电信标准化部门（International Telecommunication Union Telecommunication Standardization Sector，ITU－T）制定的 5G 标准，5G 业务可划分为 eMBB、uRLLC 和 mMTC 3 种类型。概括地说，eMBB 针对移动通信提供高带宽接入服务，uRLLC 提供高带宽的同时保证低延时与高可靠性，mMTC 则面向大量物联网设备节点的连接。

在网络切片技术的支持下，运营商能在现有的物理网络架构上叠加多个虚拟网络，针对客户特殊需求提供定制化的网络服务。网络切片的背后是两项网络技术：软件定义网络（Software Defined Network，SDN）和网络功能虚拟化（Network Function Virtualization，NFV），从而为 5G 网络部署提供弹性与扩展性。SDN 技术能够提供端到端的差异化流量控制，而 NFV 技术使得 5G 网元能够在整个 5G 网络中灵活部署。以下选取了两个应用场景来分析不同场景下的切片部署方式，如图 4-16 所示。

场景一：mMTC 海量机器类通信需求（如远程抄表）。切片的部署方式如图 4-16 的绿色部分切片 1 所示。海量机器类通信的连接对连接数有比较高的要求，但对带宽和时延要求不高。因此，对于这种场景，可以将物联网应用以及核心网用户面部署于核心网上，将中心单元（Centralized Unit，CU）部署于传输边缘数据中心（Data Center，DC）上。这种应用部署在靠近核心网的方式使应用的服务范围越广，另外由于该场景对于时延要求不高，无需将物联网应用部署于边缘处。

场景二：虚拟现实（Virtual Reality，VR）。切片的部署如图 4-16 的红色部分切片 2 所示。实时 CG 类云渲染 VR 需要低于 5ms 的网络时延和高达 100Mbps～9.4Gbps 的带宽。因此，对于这种场景，可以将物联网应用以及核心网用户面下沉至边缘 DC 处，最好可以部署在基站侧，以更好地满足超低时延和大带宽需求。

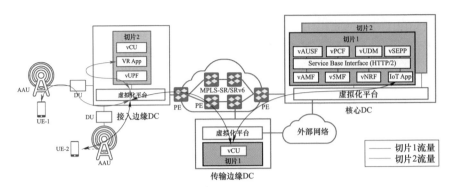

图 4-16　两种场景的切片部署方案

4.3.1.2　移动边缘计算在 5G 中的部署

由于 5G 提供的低延迟特性,移动边缘计算(Mobile Edge Computing,MEC)在 5G 时代将是不可或缺的关键技术。3GPP 制定的 5G 系统标准已经考虑了从大量简单的物联网设备到高带宽的关键设备通信等多种需求场景。MEC 平台见图 4-17。

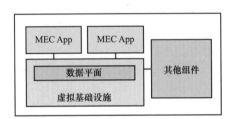

图 4-17　MEC 平台

欧洲电信标准协会(Europe Telecommunications Standards Institute,ETSI)的技术标准中将 5G 系统中核心网的新模式称作基于服务的架构(Service-Based Architecture,SBA)。在 SBA 中,网络功能可以分为两类:提供(provider)服务与使用(consumer)服务。任何网络功能都可以提供一个或多个网络服务。5G MEC 见图 4-18,左侧是一组带有 SBA 的 3GPP 标准 5G 系统,右侧是移动边缘计算系统架构。所有网络功能与其提供的服务都注册到网络资源功能(Network Resource Function,NRF),而 MEC 系统中应用提供的服务则注册到 MEC 自有库中。

一般而言,MEC 主机设置在边缘服务器或是骨干网的机房中,而处理流量的工作直接交给用户平面功能(User Plane Function,UPF)完成。运营商完全可以根据自己的需要设计 UPF 与 MEC 服务器的物理机部署方案,从而将机房位置、业务内容乃至服务负载等因素纳入考虑。一般而言，有如下几种方案可供考虑：① MEC 与 UPF 同时位于基站；② MEC 与传输节点共用 UPF；③ MEC 和 UPF 通过一个数据汇集点相连；④ MEC 直接接入核心网数。5G 运营商 MEC 部署方案见图 4-19。

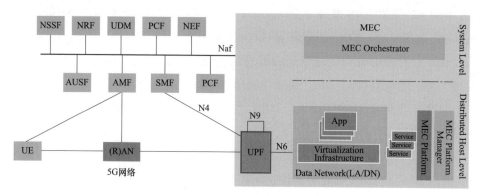

图 4-18 5G MEC

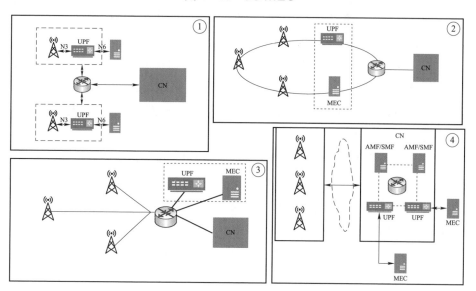

图 4-19 5G 运营商 MEC 部署方案

3GPP 在 2020 年制定了关于 5G 接入 MEC 系统的通信标准。这项工作的目标是定义一个支持层，以促进在 UE 上运行的应用客户端（Application Client，AC）与部署在边缘数据网络上的边缘应用服务器（Edge Application Server，EAS）之间的通信。这包括服务供应和 EAS 发现方面。此外，该工作旨在提供支持服务，如 EAS 之间的应用程序上下文传输，以实现服务连续性、服务启用和面向 EAS 的能力公开 API。

上述应用架构包括：① 边缘使能服务器（Edge Enabler Server，EES），主要负责启用 EAS 的发现；② 边缘使能客户端（Edge Enabler Client，EEC），为 UE 中的 AC 提供 EAS 发现等支持功能；③ 边缘配置服务器（Edge Configuration Server，ECS），为 EEC 提供配置以与 EAS 连接。

UE 上的应用客户端可以是边缘感知和边缘不感知的。借助边缘感知应用程序，AC 通过直接与 EEC 交互并利用 EEC 的所有优势。

总之，在使能层的支持下，3GPP 网络为多种边缘功能提供了原生支持，包括：

（1）丰富的发现。ECS 的按需服务提供和 EES 上查询过滤器的支持，允许 AC 通过 EEC 对 EAS 进行丰富的发现。

（2）动态可用性。由于边缘网络的灵活性和可用性，EAS 功能可能会因多种原因而变化，如部署变化、UE 的移动性等。UE 可以订阅此类动态变化以微调所提供的服务到交流电。

（3）网络能力公开。EAS 可以利用 EES 公开的服务 API，这些 API 建立在服务能力暴露功能（Service Capability Exposure Function，SCEF）或网络暴露功能（Network Exposure Function，NEF）北向 API 的能力之上，使 EAS 能够访问 3GPP 网络能力公开功能。

（4）支持服务连续性：随着 UE 移动性提升，服务边缘或云可能会改变或变得更适合为 AC 服务。为了在这种情况下实现服务的连续性，该架构支持在边缘网络之间传输 UE 的应用程序上下文，以实现无缝的服务连续性。

4.3.1.3 用户面功能 UPF

第五代网络预计将为垂直行业有不同需求的客户提供服务。5G 核心由多个 SBA 元素组成。5G 系统的控制平面包括接入和移动性管理功能（Access and Mobility Management Function，AMF）和会话管理功能（Session Management Function，SMF），用于执行认证、移动性相关程序和在 UE 及数据网络之间建立通信流的请求。5G 数据平面的任务由 5G 基站和 UPF 执行，UPF 提供了在终端设备和各种数据网络之间传输数据流的必要程序。在认证步骤之后，用户设备使用用于特定数据网络的数据通信信令协议消息来请求协议数据单元（Protocol Data Unit，PDU）会话，并且 SMF 基于系统的实际条件和 PDU 会话

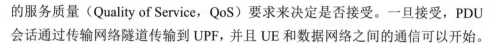

的服务质量（Quality of Service，QoS）要求来决定是否接受。一旦接受，PDU
会话通过传输网络隧道传输到 UPF，并且 UE 和数据网络之间的通信可以开始。

1. 背景介绍

2016 年前后，3GPP 在 Release 14 规范中作为对 EPC 的扩展而引入了控制
面用户面分离（Control and User Plane Separation，CUPS）策略，把分组网关（PDN
Gateway，PGW）和服务网关（Service Gateway，SGW）进行了功能解耦，拆
分为控制面（PGW – C 和 SGW – C）和用户面（PGW – U 和 SGW – U）。PGW – U
可以分散化部署，增加了流量转发的灵活性。

CUPS 策略允许核心网用户面的下沉，能够支撑对大带宽和低时延有强烈
需求的业务场景，其设计本身对 4G EPC 演进力度大，虽然用户平面得以分离
下沉，但与核心网其他功能实体间的交互环节仍存在巨大的限制。随着 5G 摒
弃了传统设备功能实体的设计，核心网白盒化和虚拟化，采用了 SBA 微服务的
设计理念，CUPS 策略中拆分出的用户面网络功能也逐步演进为了目前 5G 核心
网架构中的 UPF 网元。UPF 演进历程如图 4 – 20 所示。

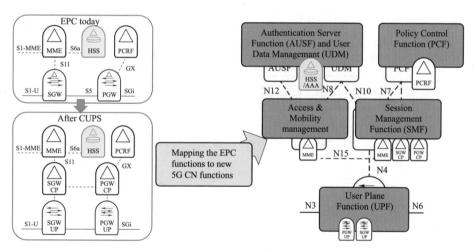

图 4 – 20 UPF 演进历程

2. 功能概述

根据 3GPP TS 23.501 V16.7.0，本书涉及的 UPF 主要功能如下：

（1）无线接入网络与数据网络（Data Network，DN）之间的互联点，用于
用户面的 GTP 隧道协议（GPRS Tunneling Protocol for User Plane，GTP – U）的
封装和解封装。

（2）协议数据单元会话锚点（PDU Session Anchor，PSA），用于在无线接入时的提供移动性。

（3）5GSA 数据包的路由和本地分流，中继 UPF（Intermediate UPF，I-UPF）充当上行分类器（Up link Classifier，L-CL）或者分支节点 UPF（Branching Point UPF）。

除上述功能外，UPF 还有应用程序监测、数据流 QoS 处理、流量使用情况报告、IP 管理、移动性适配、策略控制和计费等功能，可参考 3GPP TS 23.501 规范。除了网络功能性需求外，UPF 还要考虑数据安全性、物理环境需求和部署功耗等指标。

3. 接口设计

UPF 作为移动网络和数据网络的连接点，重要接口包括 N3、N4、N6、N9、N19、Gi/SGi、S5/S8-U、S1-U 等。以 N 开头是 UPF 与 5G 核心网控制面网元或者外部网络交互的接口，UPF 接口如图 4-21 所示。其余部分接口可满足对现网已有网络设施的兼容，UPF 在 5G 组网建设中仍需兼容现网已有的网络设施，实际部署中 UPF 将整合 SGW-U 和 PGW-U 的职能，兼容已有的核心网络，物理层面将会存在 UPF+PGW-U 的融合网元。

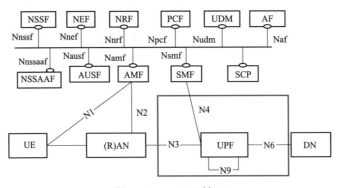

图 4-21　UPF 接口

N3 接口是 RAN 与 UPF 间的接口，采用 GTP-U 协议进行用户数据的隧道传输。

N4 接口是 SMF 和 UPF 之间的接口，控制面用于传输节点消息和会话消息，采用包转发控制协议（Packet Forwarding Control Protocol，PFCP），用户面用于传输 SMF 需要通过 UPF 接收或发送的报文，采用 GTP-U 协议。

N6 接口是 UPF 和外部 DN 之间的接口，在特定场景下（如企业专用 MEC 访问），N6 接口要求支持专线或 L2/L3 层隧道，可基于 IP 与 DN 网络通信。

N9 接口是 UPF 之间的接口，在移动场景下，UE 与 PSA、UPF 之间插入

I-UPF进行流量转发,两个UPF之间使用GTP-U协议进行用户面报文的传输。

N19 接口是使用 5G LAN 业务时,两个 PSA、UPF 之间的用户面接口,在不使用 N6 接口的情况下直接路由不同 PDU 会话之间的流量,N19 接口如图 4-22 所示。

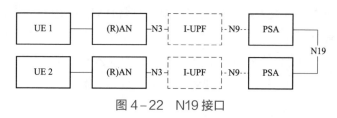

图 4-22 N19 接口

4. 分流技术

UPF 是 5G 网络和 MEC 之间的连接锚点,核心网数据经过 UPF 转发才能流向外部网络。MEC 是 5G 业务应用的标志能力。基于 5GC 的 C/U 分离式架构,控制面网络功能(Network Function,NF)在中心 DC 集中部署,UPF 下沉到网络边缘部署。

5G 用户建立会话的连接将优先选择通过中心 UPF,而当用户需访问 MEC 边缘应用时才选择或接入边缘 UPF,这时边缘资源按需提供给用户,从而避免由于大量用户涌入挤占造成的性能瓶颈。主流的 5GC 边缘部署分流技术主要有四种:基于单 PDU 会话本地分流的上行分类器(Uplink Classifier,ULCL)方案、IPv6 多归属(Multi-homing)方案以及基于多 PDU 会话本地分流的本地数据网络(Local Area Data Network,LADN)方案和数据网络标识(Data Network Name,DNN)方案。ULCL 和 IPv6 Multi-homing 用户数据分流在网络侧进行;DNN 和 LADN 用户数据分流从终端开始。

(1)ULCL 方案。IPv4、IPv6、IPv4v6 或 Ethernet 的 PDU 会话支持 Uplink Classifier。上行链路业务流到不同 PDU Session Anchor 的路由,如基于用于 IP PDU 会话的上行链路分组的目的地 IP 地址/Prefix。SMF 可以在 PDU 会话建立或修改期间,通过提供以下内容来插入 Uplink Classifier:

1)两个或多个 UL 包检测规则(Packet Detection Rule,PDR),具有适当的包检测信息(Packet Detection Information,PDI),并且具有相应的 FAR,以将上行链路业务流路由到适当的 PDU Session Anchor。

2)两个或多个 DL PDR,具有适当的 PDI,并且具有一个或多个 FAR,以将隧道上的下行链路业务流路由到 UE。

ULCL 支持基于 SMF 提供的流量检测和流量转发规则，向不同的 PDU 会话锚点 UPF 转发上行业务流，分流至 MEC 平台；并且将来自链路上的不同 PDU 会话锚点 UPF 的下行业务流合并到 5G 终端，有点像路由表的作用。ULCL 采用流过滤规则（如检查 UE 发送的上行 IP 数据包的目的 IP 地址/前缀）来决定数据包如何路由。

UE 不感知 ULCL 的分流，不参与 ULCL 的插入和删除。UE 将网络分配的单一 IPv4 地址或者单一 IP 前缀或者两者关联到该 PDU 会话。

PDU 会话场景如图 4-23 所示。ULCL 插在 N3 口终结点的 UPF 上，锚点 1 和锚点 2 终结 N6 接口，上行分类器 UPF 和锚点 UPF 之间通过 N9 接口传输。

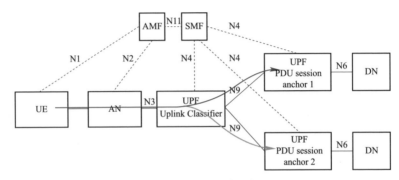

图 4-23　PDU 会话场景

基于不同的触发条件，ULCL 方案可以分为以下几种：

1）特定位置 ULCL 方案。分流策略配置在 SMF，在用户移动到 MEC 区域时，SMF 根据配置策略和 AMF 上报的用户位置信息，触发 ULCL 插入流程。特定位置触发 ULCL 和 LADN 场景类似，都是用户移动到特定位置时触发分流，触发条件简单易实现，适用于对公众用户开放的 MEC 场景。由于 MEC 区域所有用户（即使不使用 MEC 业务）都会接入边缘 UPF，可能会对边缘 UPF 造成压力。

2）位置及用户签约 ULCL 方案。分流策略配置在策略控制功能（Policy Control Function，PCF），需要用户在 PCF 上签约支持使用 MEC 业务。在用户移动到 MEC 区域时，AMF 通过 SMF 向 PCF 上报用户位置信息，PCF 根据用户位置信息及签约信息，触发 ULCL 插入流程，新增边缘 UPF 锚点并插入 ULCL。当在 MEC 区域内要区分用户群体时，可采用位置及用户签约触发 ULCL 的方案，避免 MEC 区域所有用户都占用边缘 UPF 资源。

3）位置及应用检测 ULCL 方案。分流策略配置在 PCF，需要将应用相关信息（五元组信息、应用 URL）配置在 PCF。在用户移动到 MEC 区域并使用特定应用时，UPF 根据应用标识对应的过滤器检测出业务流，通过 SMF 上报 PCF。PCF 结合用户位置信息及应用流检测结果，触发 ULCL 插入流程。位置及应用检测 ULCL 方案可按应用触发分流策略，可控粒度更细；缺点是缺乏合适的 ULCL 删除触发机制。

4）能力开放 ULCL 方案。分流策略配置在 MEC/APP，在用户移动到 MEC 区域时，AMF 通过 NEF 把用户位置信息通知给 MEC/APP。MEC/APP 通过 N5/N33 接口与 PCF/NEF 进行交互，将分流规则告知 PCF。PCF 结合用户位置信息及应用流检测结果，触发 ULCL 插入流程。能力开放 ULCL 是一种与应用紧耦合的方案，应用可根据业务需求动态地触发 ULCL 策略，更为灵活，但是能力开放接口的调用请求需提供用户标识（5GC 分配的私网 IP 地址），应用还需要感知用户位置信息，有一定开发门槛。

（2）IPv6 Multi-homing 方案。IPv6 多归属（Multi-homing）方案只能应用于 IPv6 类型的 PDU 会话。UE 在请求建立类型为 IPv6 或 IPv4v6 的 PDU 会话时，要告知网络其是否支持 IPv6 Multi-homing PDU 会话。在实际部署中，网络将会为终端分配多个 IPv6 前缀地址，对不同业务使用不同的 IPv6 前缀地址，可以一个 IP 地址做远端业务，一个 IP 地址做本地 MEC 业务，通过分支点进行分流。

在 PDU 会话建立过程中或建立完成后，SMF 可以在 PDU 会话的数据路径中插入或者删除多归属（Multi-homing）会话分支点（Branching Point）。在 Multi-homing 场景下，一个 PDU 会话可以关联多个 IPv6 前缀，分支点 UPF 根据 SMF 下发的过滤规则，通过检查数据包源 IP 地址进行分流，将不同 IPv6 前缀的上行业务流转发至不同的 PDU 会话锚点 UPF，再接入数据网络，以及将来自链路上的不同 PDU 会话锚点 UPF 的下行业务流合并到 5G 终端。UPF 可同时作为 IPv6 多归属的分支点和 PDU 会话锚点。IPv6 Multi-homing 分流如图 4-24 所示。

（3）DNN 方案。数据网络标识（Data Network Name，DNN）方案中，需要终端配置专用 DNN 并在核心网统一数据管理功能（Unified Data Management，UDM）上面签约专用 DNN。用户通过专用 DNN 发起会话建立请求，SMF 选择 UPF 时，根据 5G 终端提供的专用 DNN 以及所在的 TA 选择目的边缘 UPF，完成边缘 PDU 会话的建立，即可接入与边缘 UPF 对接的 MEC 平台。

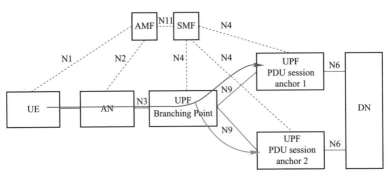

图 4-24 IPv6 Multi-homing 分流

（4）LADN 方案。在 LADN 方案中，用户签约 LADN DNN，AMF 上配置 LADN 服务区域（Tracking Area，TA）与 LADN DNN 的关系。5G 终端在向网络注册时，可以从核心网获取 LADN 信息（如 LADN 服务区和 LADN DNN）。当 5G 终端移动到 LADN 服务区域时，将会请求建立这个 LADN DNN 的 PDU 会话。AMF 确定 5G 终端出现在该 LADN 区域，且请求的 DNN 在 AMF 中配置为 LADN DNN，则转发给 SMF；SMF 通过选择合适的本地边缘 UPF，建立本地 PDU 会话，实现本地网络接入和本地应用访问。此时一个 5G 用户可能拥有两个 PDU 会话：Internet 会话及 LADN 会话如图 4-25 所示。

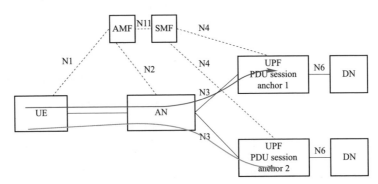

图 4-25 Internet 会话及 LADN 会话

AMF 跟踪终端的位置信息，并通知 SMF 终端位置和 LADN 服务区的关系，包括在服务区、不在服务区和不确定在不在服务区等。当用户的位置不在 LADN 的服务区内时，不能接入 LADN。LADN 服务区用一组 TA 标识，使用 LADN 用于边缘计算流量分流时，通常 LADN 的 TA 和边缘计算上应用的服务区域是对应的。

　　LADN 仅用于非漫游场景或者本地业务分流漫游场景，在实际部署中，用户通过 LADN 会话访问 MEC 业务，其余业务通过 Internet 会话访问。5G NR 的 UPF 分流技术对比见表 4-8。

表 4-8　　　　　　　　　　5G NR 的 UPF 分流技术对比

UPF 分流技术	技术特点以及应用场景	技术地位
ULCL	适用于商业综合体、博物馆、体育场馆、酒店等公众用户使用手机终端访问 MEC 应用的场景，如视频直播、云游戏等	5G 网络将业务流分流至 MEC 平台的主要方案
IPv6 Multi-homing	需要采用 IPv6。适用于物联网、高可靠性专网等场景	目前实施难度大
LADN	支持在特定 TA 区域下发起或释放 LADN 会话、支持 URSP（UE Route Selection Policy，UE 路由选择策略）用于配置 LADN DNN 并将应用流绑定到 LADN DNN 上	5G 新引入特性，对终端有新的功能要求。5G 核心网设备已支持 LADN 功能，而终端对该功能的支持还要视商业需求而定，因此端到端 LADN 方案的成熟还需要一段时间的开发测试及验证

5. 部署方式

　　在实际部署时，UPF 需要按照不同业务场景对时延、带宽、可靠性等差异化的需求灵活部署，典型的部署位置包括中心、区域、边缘、企业园区。

　　不同 UPF 部署场景对应不同的通信需求和解决思路，5G NR 的 UPF 部署场景对比见表 4-9。

表 4-9　　　　　　　　　　5G NR 的 UPF 部署场景对比

类型	适用场景	通信需求	解决思路
中心级 UPF	普通互联网访问、VoNR、NB-loT 等业务	时延不敏感，吞吐量需求较高且相对集中	支持多种无线接入；网关核心网络（GWCN，GateWay Core Network）等网络技术，支持多 UPF 实例；提升转发效率
区域级 UPF	部署于地市级区域，承载地市区域范围的用户面业务，包括互联网访问、音视频以及本地企业业务	减少数据流量回传对承载网的传输压力	区域级 UPF 实现用户面下沉部署或本地数据业务下沉

续表

类型	适用场景	通信需求	解决思路
边缘级 UPF	通常部署于区县边缘	高带宽、时延敏感、数据机密性强	将 UPF 下沉到移动边缘节点，可基于数据网络标识（DNN，Data Network Name）或 IP 地址等识别用户，并根据分流策略对用户流量进行分流，对需要本地处理的数据流进行本地转发和路由，避免流量迂回，降低数据转发时延
企业级 UPF	部署于企业机房	超高带宽、超低时延和超高可靠的连接，公众网数据安全隔离	通过 UPF 内的本地交换和 UPF 间的 N19 隧道技术，构建企业专属的"局域网"；通过在 N3/N9 接口建立双 GTP-U 隧道，实现用户面冗余传输；或者建立端到端双 PDU 会话，将相同的报文在两个会话中传输，确保连接的可靠性

（1）中心级 UPF。中心级 UPF 需具备如下特点：

1）满足 ToC 网络的 2G/3G/4G/5G/Fixed 全融合接入、报文识别、内容计费等功能需求。在实际网络部署中，在一定时间内会存在多种接入网络并存的情况，UPF 须同时支持多种无线接入，满足全融合接入需求；当用户跨接入网络移动时，实现相同会话 IP 地址不变，保证业务连续性。

2）具备虚拟运营商网络共享能力，通过网络切片、网关核心网络（GateWay Core Network，GWCN）等网络技术，支持多 UPF 实例、多租户、分权分域运维，满足不同虚拟运营商的差异化业务需求。

3）针对集中建设带来的高带宽转发能力要求，可通过扩展计算资源规模叠加单根 I/O 虚拟化 Single Root I/O Virtualization，SR-IOV）+矢量转发技术来提升转发效率，或者采用基于智能网卡的异构硬件来实现转发能力提升。

4）提供面向 N6/Gi/SGi 接口流量的安全防护以及网络地址转换（Network Address Transform，NAT）功能，可以选用外置硬件防火墙、虚拟化防火墙以及 UPF 内置防火墙功能等方式进行部署。其中防火墙以及 NAT 作为 UPF 的业务功能组件存在，提升集成度，降低部署成本。

（2）区域级 UPF。区域级 UPF 较为典型的应用场景为大视频业务，为了提升用户体验，需要在各地市部署区域 UPF，就近接入本地视频业务服务端，还可以通过在区域数据中心联合部署 UPF 和 CDN/Cache 节点的方式来缩短传输路径，区域级 UPF 部署方案如图 4-26 所示。

区域级 UPF 部署带来了运维管理方面的复杂度，存在集中运维管理的需求，可以通过网元管理系统（Element Management System，EMS）拉远的方式来接入区域级 UPF 或者通过扩展 N4/Sx 接口的方式来实现配置下发以及运维数据上报，考虑到未来对 N4/Sx 接口解耦的需要，目前业界更倾向于前者的实现方式。

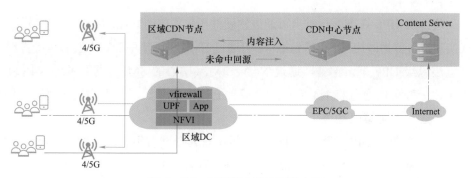

图 4-26 区域级 UPF 部署方案

（3）边缘级 UPF。UPF 边缘业务分流场景如图 4-27 所示。

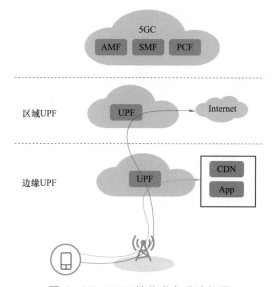

图 4-27 UPF 边缘业务分流场景

UPF 边缘业务分流策略见图 4-28，其中网元级和会话级分流已在前面章节中说明。

网络级分流	网元级分流	会话级分流
通过设置不同的PLMN或NSSAI，用以区分专网或不同切片下的用户和流量，实现网络级分流。	在同一网络/切片中，可通过服务区、负荷、DNN、DNAI等在SMF/UPF网元选择过程中建立不同的会话实现分流。此外可采用服务于特定区域的LADN分流。	在同一会话中，根据不同的锚点及分流，策略在数据转发路径上进行ULCL/-Multi-homing分流。

图 4-28 UPF 边缘业务分流策略

边缘级 UPF 在部署运维上可通过软硬件预装、自动纳管、配置自动下发等方式实现设备即插即用；在正常运维中，可通过 EMS 进行集中配置下发和运维管理。

边缘级 UPF 下沉部署，通过 N4 接口对接中心的 SMF，需要考虑 N4 接口安全，一般可以通过将 N4 接口划分成独立的网络平面，或者通过部署防火墙/IPSEC 进行安全策略增强。

（4）企业级 UPF。行业应用和工业环境与公众网有很大的不同，企业级 UPF 除了满足基本的流量转发、本地分流以外，还需要重点满足以下要求：

1）基于 5G LAN 实现的私网接入和管理能力。通过 UPF 内的本地交换和 UPF 间的 N19 隧道技术，构建企业专属的"局域网"，企业级 UPF 方案如图 4-29 所示。

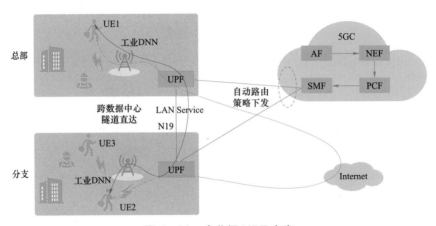

图 4-29　企业级 UPF 方案

2）基于 uRLLC 技术的超高传输可靠性。通过在 N3/N9 接口建立双 GTP-U 隧道，实现用户面冗余传输；或者建立端到端双 PDU 会话，将相同的报文在两个会话中传输，确保连接的可靠性，冗余方案如图 4-30 所示。

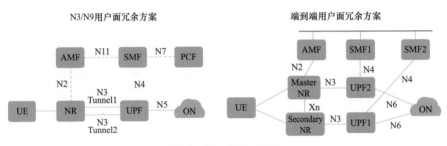

图 4-30　冗余方案

企业级 UPF 需要解决起步成本高、设备功能复杂、部署和运维难度高等问题，需要引入轻量化的最简 UPF 解决方案，功能更有针对性，可以根据场景需求灵活搭配，并且实现出厂预安装、现场开箱即用，同时支持本地运维和远程运维。

（5）全场景 UPF 部署。在"5G 新基建"引领下，为满足分布式建网、集约化运维需求，5G 核心网采用大区制建设方案，提供全场景 UPF。因为 ToC 和 ToB 网络在产业成熟度、网络功能、市场应用上存在较大差异，采用两张网独立建设，UPF 也进行分开建设。为满足业务差异及各行业碎片化需求，UPF 采用分布式多级部署，如图 4-31 所示。

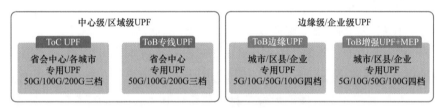

图 4-31　分布式多级部署

ToC UPF 部署在中心级和区域级，兼顾业务时延和传输成本，满足大带宽、低时延需求，从成本和长期演进维度，全部采用 100G 智能网卡加速，配置一步到位，更加契合 5G 长期业务发展需求。ToB UPF 部署位置差异见图 4-32。ToB UPF 部署特点见图 4-33。

部署位置	性能吞吐（bps）	端到端时延	功能集合	应用场景	产品形态
中心级 UPF	>200G	>50ms	功能全集	ToB & ToC	专用 UPF 云化 UPF
区域级 UPF	100~200G	>30ms	功能全集	ToB & ToC	专用 UPF 云化 UPF
边缘级 UPF	<100G	10~30ms	边缘分流 能力开放 5G LAN	ToB & ToC	专用 UPF 云化 UPF
企业级 UPF	50G	<15ms	功能精简 功能定制增强 工业环境需求	ToB	最简 UPF 公有云
• 专用 UPF：指由设备厂家提供专有软硬件、端到资集成交付、部署运维回传统设备的 UPF； • 云化 UPF：指基于 NFV 云化资源池构神、具备软硬件解料和弹性伸缩第云化特性的 UPF； • 最简 UPF：指轻量化的边线 UPF，测足垂直行业的网络专用化、设备轻品化、部署灵活化等诉求。					

图 4-32　ToB UPF 部署位置差异

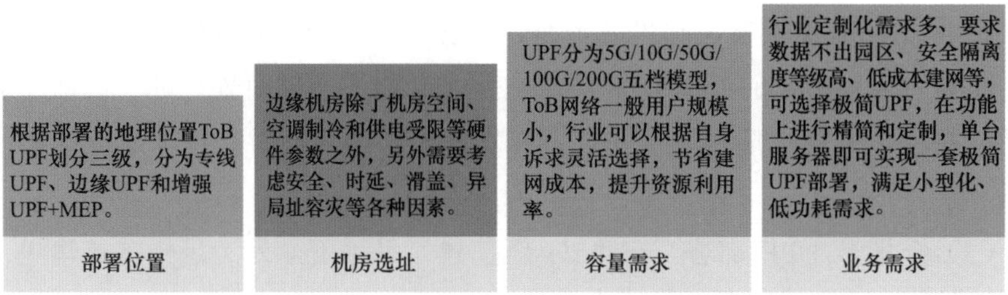

根据部署的地理位置ToB UPF划分三级，分为专线UPF、边缘UPF和增强UPF+MEP。	边缘机房除了机房空间、空调制冷和供电受限等硬件参数之外，另外需要考虑安全、时延、滑盖、异局址容灾等各种因素。	UPF分为5G/10G/50G/100G/200G五档模型，ToB网络一般用户规模小，行业可以根据自身诉求灵活选择，节省建网成本，提升资源利用率。	行业定制化需求多、要求数据不出园区、安全隔离等级高、低成本建网等，可选择极简UPF，在功能上进行精简和定制，单台服务器即可实现一套极简UPF部署，满足小型化、低功耗需求。
部署位置	机房选址	容量需求	业务需求

图 4-33　ToB UPF 部署特点

4.3.2　面向电力行业应用的 5G 先进接入技术

4.3.2.1　低复杂度 NR 设备

（1）3GPP 的 R17 指定支持以下 UE 复杂性降低功能：

1）减少最大 UE 带宽。FR1 RedCap UE 在初始访问期间和之后的最大带宽为 20MHz，FR2 RedCap UE 在初始访问期间和之后的最大带宽为 100 MHz。

2）减少 Rx 分支的最小数量。对于传统 NR UE 需要配备至少 2 个 Rx 天线端口的频段，RedCap UE 规范支持的最小 Rx 分支数为 1。该规范还支持 RedCap UE 的 2 个 Rx 分支在这些频段中。

对于传统 NR UE（2-Rx 车载 UE 除外）需要配备至少 4 个 Rx 天线端口的频段，RedCap UE 规范支持的最小 Rx 分支数为 1。规范还支持这些频段中 RedCap UE 的 2 个 Rx 分支应指定一种方法，使 gNB 可以知道 UE 的 Rx 分支的数量。

3）DL MIMO 层的最大数量：对于具有 1 个 Rx 分支的 RedCap UE，支持 1 个 DL MIMO 层，对于具有 2 个 Rx 分支的 RedCap UE，支持 2 个 DL MIMO 层。

4）放宽最大调制阶数：对 FR1 RedCap UE 而言，DL 中对 256QAM 的支持是可选的（而不是强制性的），没有为 RedCap UE 指定其他最大调制阶数的放宽。

5）双工操作：对规格影响最小的 HD-FDD 类型 A（也支持 FD-FDD 和 TDD）。

（2）指定一种 RedCap UE 类型的定义，包括 RedCap UE 识别能力和限制 RedCap UE 仅对 RedCap UE 使用这些能力，并防止 RedCap UE 使用不适合 RedCap UE 的能力，包括至少载波聚合、双连接和更广泛的带宽。

使用现有的 UE 能力框架；仅在必要时才指定对能力信令的更改。

（3）指定使 RedCap UE 能够通过 Msg1 和/或 Msg3 和 Msg A（如果支持）中的早期指示明确识别网络的功能，包括早期指示可由网络配置的能力。

（4）指定系统信息指示以指示 RedCap UE 是否可以驻留在小区/频率上；该指示应该可以特定于 UE 的 Rx 分支的数量。

（5）指定 UE 能力（38.306）和 RRC 参数（38.331）的必要更新。

（6）指定对 RedCap UE 的扩展非连续接收（Discontinuous Reception，DRX）增强的支持。

1）针对无线资源控制（Radio Resource Control，RRC）非活动和空闲的扩展 DRX，扩展 DRX（extended DRX，eDRX）周期长达 10.24s，不使用 PTW 和 PH，并且在 RRC 非活动和空闲之间具有通用设计（如通用的 eDRX 值集）。

2）针对 RRC 非活动和空闲的扩展 DRX，eDRX 周期高达 10485.76 s；关于 RRC Inactive 和 Idle 的扩展 DRX 周期的最大长度的机制和可行性的细节需要由 SA2、CT1 和/或 RAN4 检查。

3）RAN2 决定哪些节点在 RRC_Idle 和 RRC_Inactive 中配置 eDRX。

（7）为 RedCap 设备的相邻小区指定对以下 RRM 测量放宽的支持：对于 RRC_Idle/Inactive/Connected：

1）指定基于测量（RSRP/RSRQ）的平稳性标准和非小区边缘标准。

2）RRM 测量松弛的启用/禁用应在网络的控制之下。指定广播和专用信令以启用/禁用 RRM 测量松弛。

3）指定 UE 对 RRM 测量放宽的要求。

4）没有为服务小区指定 RRM 测量放宽。

5）为上述指定 RAN4 核心要求。

4.3.2.2　NB–IoT 和 MTC 增强

目标是为 BL/CE UE 指定对 NB–IoT（Narrow Band–IoT）和/或 LTE–MTC 的以下增强。

为 UL 和 DL 中的单播指定 16–正交振幅调制（Quadrature Amplitude Modulation，QAM），包括对窄带物理下行共享信道（Narrowband Physical Downlink Shared Channel，NPDSCH）和 DL 传输块大小（Transport Block Sizes，TBS）的 DL 功率分配进行必要的更改。这将在没有新的 NB–IoT UE 类别的情况下进行指定。对于 DL，增加最大 TBS，如 2x Rel–16 最大值，软缓冲区大小将通过至少修改现有的 Category NB2 来指定。对于 UL，最大 TBS 不会

增加。

（1）基于 Rel-14-16 的框架扩展 NB-IoT 信道质量报告，以支持 DL 中的 16-QAM。

支持额外的物理下行共享信道（Physical Downlink Shared Channel，PDSCH）调度延迟，以便在 DL 中引入 14-混合自动重传请求（Hybrid Automatic Repeat reQuest，HARQ）进程，适用于 HD-FDD Cat M1 UE。

（2）在无线链路故障（Radio Link Failure，RLF）之前指定用于相邻小区测量的信令和相应的测量触发，以减少 RRC 重新建立到另一个小区所花费的时间，而无须定义特定间隙。

（3）引入对基于覆盖级别和相关载波特定配置（如最大重复 UL/DL、DRX 配置等）的 NB-IoT 载波选择的支持。

（4）对于支持物理上行共享信道（Physical Uplink Shared Channel，PUSCH）sub-PRB 资源分配的 UE，研究并在可行的情况下指定物理随机接入信道（Physical Random Access Channel，PRACH）、物理上行控制信道（Physical Uplink Control Channel，PUCCH）和全 PRB 窄带物理下行共享信道（Physical Uplink Shared Channel，PUSCH）的支持功率降低，最大降低如低于 sub-PRB PUSCH 功率 3 dB。

（5）添加 Rel-17 可选 UE 功能，以支持 HD-FDD Cat. 1736 bits 的最大 DL TBS。仅在 CE 模式 A 中的 M1 UE。

4.4 5G 支持下的智慧变电站

4.4.1 网络侧

4.4.1.1 接入网

（1）网络结构。5G 的接入网主要由 gNB 构成，一般包括处理部分物理层（Physical Layer，PHY）、媒体接入控制层（Media Access Control，MAC）、无线链路控制层（Radio Link Control，RLC）功能的集中单元（Centralized Unit，CU）以及处理分组数据汇聚协议（Packet Data Convergence Protocol，PDCP）层及上层功能的分布单元（Distributed Unit，DU）。通常情况下，5G 基站经过集中单元和分布单元处理后的基带信号，需要通过有源天线单元（Active Antenna Unit，

AAU）发射到空口。根据不同的组网方式，有源天线单元可以处理射频和/或物理层部分底层功能。AAU、DU 和 CU 划分如图 4－34 所示。

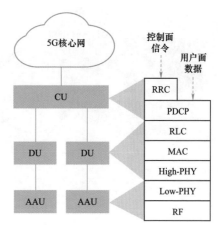

图 4－34　AAU、DU 和 CU 划分

（2）部署方案。由于集中单元和分布单元的功能相对独立，因而相关的部署方案可以有很多组合。常见的部署方案主要由以下两种：

1）集中部署。集中部署方案如图 4－35 所示，集中单元和分布单元整体部署在接入机房或者数据中心，可以有效减少两者之间的路由开销，降低传输时延。

2）分布部署。分布部署方案如图 4－36 所示，集中单元和分布单元可以分别部署在不同的物理实体上，因而方便集中单元进行按需"云化"的部署、联合的数据处理和动态的计算能力分配。

两种方案有各自适用的场景，集中部署方案适合时延敏感型的业务，而分布部署方案则更适合需要进行多站联合处理的大流量数据传输场景。

结合集中部署总架构图，实际部署方案中可以将集中单元的"云化"和分布式应用进行联合部署，发挥集中单元灵活调度的能力，并将部分服务时延较为苛刻的应用利用接入侧的网络切片功能进行本地化处理。

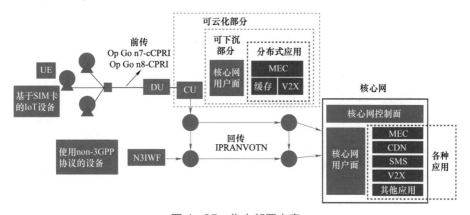

图 4－35　集中部署方案

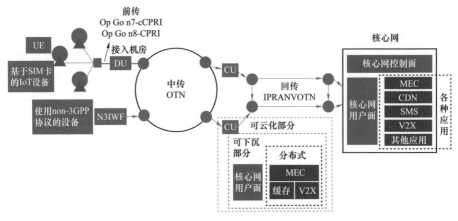

图 4-36　分布部署方案

（3）数据包格式。接入网的数据包格式主要由 3GPP 的技术报告 TS 38.300
来定义,主要分为控制面数据和用户面数据两个部分。控制面数据包格式如图 4-37
所示，其中最为重要的是用于终端移动性管理和会话管理的非接入（Non-
Access-Stratum，NAS）层信息。由于终端用户的鉴权需要核心网的支持，5G
的基站将在终端发送控制面数据包后，提取非接入层信息并构造流控制传输协
议（Stream Control Transmission Protocol，SCTP）数据包，并转发到核心网进
行接入和移动性管理功能（Access and Mobility Management Function，AMF）
的网元。用户面数据包格式如图 4-38 所示，其中与传统 4G 技术最大的不同是
引入了服务数据适应协议（Service Data Adaptation Protocol，SDAP）层，在封

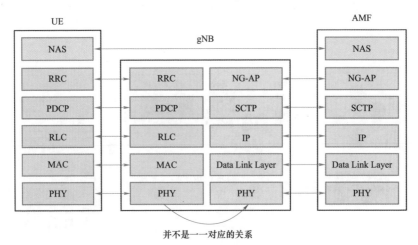

图 4-37　控制面数据包格式

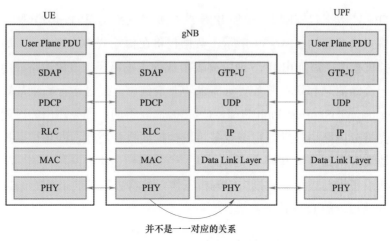

图 4-38   用户面数据包格式

装 IP 层数据包的同时增加服务质量的标识符，从而实现基于 IP 流的服务质量控制。服务数据适应协议层生成的用户面数据包将转发到核心网 UPF 网元处。

4.4.1.2   传输网

（1）网络结构。5G 传输网主要承担接入网和核心网之间的信息传输，面临着包括高吞吐、低时延、灵活链接等多方面的技术挑战。4G 传输网主要使用的多协议标签交换（Multi-Protocol Label Switching，MPLS）技术受限于复杂的控制面和极低的配置效率难以满足相应的需求。尽管 5G 传输网沿袭了分组传送网（Packet Transport Network，PTN）、光传送网（Optical Transport Network，OTN）和无线 IP 网络等现有技术，但在简化控制面、提高转发效率等方面，也引入了包括分段路由技术（Segment Routing，SR）在内的多项技术，以提升安全性、隐私性和可靠性，实现更快的数据传输速率、降低传输延迟。

（2）部署方案。与传统传输网不一样的是，5G 传输网支持 SR 一种新型的路由技术，主要包括基于 MPLS 实现的 MPLS-SR 技术和基于 IPv6 报文头部扩展实现的 SRv6 技术。两种技术的工作原理基本相同，都是在控制器进行路径计算后，下发到某个入节点。入节点将分段更新后的路由计算结果，通过标签栈或者 IPv6 扩展报文添加到数据包中。分段路由技术（Segment Routing，SR）可以和 5G 网络切片技术相结合，为不同切片提供不同转发路径和服务质量支持，并将特定流量引流到物理（或虚拟）安全设备，从而提高切片网络的服务能力和安全性。

（3）数据包格式。以 SRv6 为例，传输网的数据包格式主要是在 5G 基站发送的 GTP-U 数据包基础上，增加 IP 层的扩展报头来实现的。传输网上的 SRv6 数据包格式示意图如图 4-39 所示，数据包将在传输网络的边缘处，由路由设备增加扩展报头，添加由 IPv6 地址列表组成的传输路径。该传输路径由目标节点信息、链路信息和切片服务质量需求等要素信息，通过运行约束最短路径算法（Constrained Shortest Path First，CSPF）而获得的。如果路由的过程中有中间设备支持分段路由技术，则该设备将进行扩展报头更新，即将扩展报头里的下一个地址写入到外层 IPv6 目的地址上。当数据到达核心网与传输网交接的设备时，该设备将会进行扩展报头的解析工作，并将去除扩展报头的 GTP-U 数据包转发至相应的 UPF 网元。

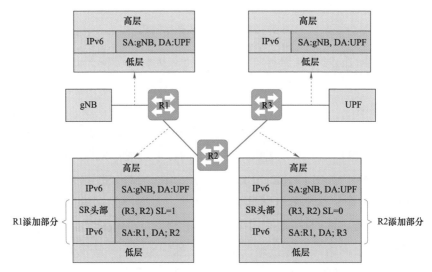

图 4-39　传输网上的 SRv6 数据包格式示意图

4.4.1.3　核心网

（1）网络架构。5G 的核心网主要由负责接入和移动性管理功能（Access and Mobility Management Function，AMF）、会话管理功能（Session Management Function，SMF）、鉴权服务功能（Authentication Server Function，AUSF）等控制面数据的网元和负责用户面功能（User Plane Function，UPF）、统一数据管理（Unified Data Management，UDM）功能等用户面数据的网元构成，同时还提供策略控制功能（Policy Control Function，PCF）和网络切片选择功能（Network Slice Selection Function，NSSF）等各类辅助功能。与 4G 技术相比，5G 的核心网实现更好地控制面和用户面数据的分离，使得用户面功能等可以下沉到靠近接入网的边缘侧，并与移动边缘计算技术相结合，降低传输时延和回传网络的带宽压力。同时，5G 的核心网对负责控制面数据的网元进行了功能解耦，并实现网元间使用服务化接口通信，如图 4-40 所示。

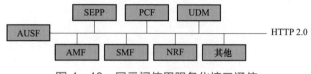

图 4-40 网元间使用服务化接口通信

（2）部署方案。5G 的核心网功能主要通过虚拟化平台（如 OpenStack、Kubernetes 等）的方式进行虚拟化的部署。为了满足电信级的转发要求，控制面和用户面的数据往往还需要集成相应的开发套件和矢量处理技术，从而实现控制面和用户面数据的去耦合化处理。

（3）数据包格式。5G 核心网的数据包格式主要有两种：一种是用于控制面数据交互的服务化接口，使用的是 TCP/HTTP2.0 协议；另一种是用于控制面和用户面数据交互的数据化接口，使用的是 UDP/PFCP 协议。5G 核心网的数据包格式及接口示意图如图 4-41 所示，主要通过 N4 接口实现。

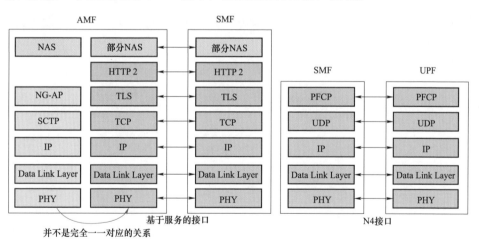

图 4-41 5G 核心网的数据包格式及接口示意图

4.4.1.4 其他网络功能增强方式

（1）移动边缘计算（Mobile Edge Computing，MEC）。MEC 主要通过部署在接入网等网络边缘侧的计算能力，实现高效的信息处理。MEC 的部署方式主要有两种，即部署在用户面功能 UPF 网元之前或者之后。

MEC 功能部署在 UPF 之后的策略示意图如图 4-42 所示。在该部署方案中，SMF 网元将下发转发的策略，决定相关流量是 MEC 平台或外部网络进行处理。该部署策略的优点是 MEC 平台可以直接处理 IP 层的数据包，而不需要再进行数据包的拆解与封装。

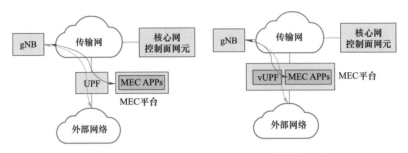

图 4-42　MEC 功能部署在 UPF 之后的策略示意图

MEC 功能部署在 UPF 之前的策略示意图如图 4-43 所示。在该部署方案中，MEC 平台将需要对从集中单元（Centralized Unit，CU）截获到的数据包进行解封与封装，并根据平台预设的转发策略进行流量转发和计费。该部署策略的优点是 MEC 平台能够提供超低时延的服务，并减少回传的压力。但当终端用户移动时，可能需要多个 MEC 平台进行交互协作才能满足需求，对 5G 网络的移动性管理带来一定的挑战。

图 4-43　MEC 功能部署在 UPF 之前的策略示意图

MEC、NFV、SDN 等技术提升 5G 性能的同时，也带来了众多安全问题。如 SDN 技术可实现流量的灵活调度，然而其本身便存在着一些安全问题，像控制器可能会遭受 DDoS 攻击、南向接口容易泄露数据等问题；再如，5G 引入了虚拟化和 NFV 技术以实现网元的灵活部署、降低运营和维护成本，但这也使得网络边界变得模糊，传统安全设备可能难以监听网元间通信流量。5G 网络可能引发的安全问题如图 4-44 所示。

为了解决 5G 中存在的这些安全问题，一个常用的方式是部署安全服务链。

安全服务链按照一定的顺序串接各种虚拟（或物理）安全设备，对 5G 网络切片进行安全防护，如图 4-43 所示。图中虚拟安全功能（Virtualized Security Function，VSF）泛指各种安全设备，如防火墙、网络应用防火墙（Web Application Firewall，WAF）等。根据用户需求，VSF 部署于 5G 中的不同位置，可以专属于某一个网络切片，也可以是多个切片共用。当 VSF 部署于 DU 和 CU 之间时，可以处理来自无线侧的 DDoS；当 VSF 部署于 UPF 和外部网络之间时，可以处理来自外部网络（如 Internet）的攻击；当 VSF 部署于控制面切片内，可以监听网元间的流量。通过在 5G 网络中引入安全服务链，可以有效提高整个网络的安全性和可靠性。

（2）网络安全。5G 网络的安全问题随着 MEC、网络功能虚拟化（Network Function Virtualization，NFV）、软件定义网络（Software Defined Network，SDN）等技术的发展，变得更富有挑战性。如 SDN 技术的普及可能会引发南向接口数据泄露的问题，NFV 技术会使得网络边界变得模糊，方便网元间通信的监听，如图 4-44 所示。

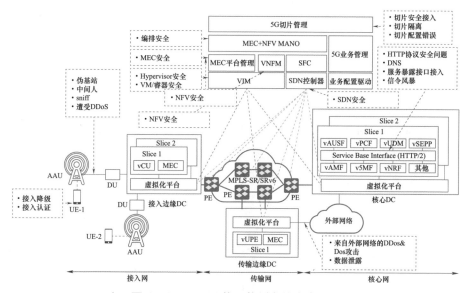

图 4-44　5G 网络可能引发的安全问题

为了解决上述问题，可以部署 5G 安全服务链，如图 4-45 所示，对相关的 5G 网络功能进行安全防护。图 4-45 中的虚拟安全功能（Virtualized Security Function，VSF）可以包含防火墙等各种安全措施，既可以专属于某一个网络切片，又可以多个切片共用。VSF 部署在 CU 和 DU 之间时，可以处理来自无线侧的 DDoS 攻击；部署在 UPF 网元和外部网络之间时，可以处理来自外部网络的攻击；部署在控制面切片内，则可以通过监听相应网元间的数据流量，从而保证整个网络的安全性和可靠性。

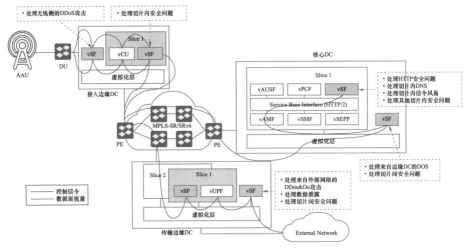

图 4-45　5G 安全服务链

4.4.2　设备侧

5G 的设备侧通常被称为客户终端设备（Customer Premise Equipment，CPE），负责接收由 5G 网络侧发射的相关移动通信信号或者有线宽带信号，见图 4-46。通常，CPE 还负责将接收到的信号转换成本地局域网信号，供手机、平板电脑等用户设备使用。

图 4-46　CPE 示意图

随着时代的进步和科学技术的发展，通信质量越来越高，接入速度越来越快，5G 通信技术也已成为科技界关注的焦点。5G CPE 的灵活部署，可以适合乡村等偏远地区或地形较为复杂的区域，减少光纤铺设带来的巨大成本。面向行业市场，5G CPE 也有非常广阔的应用前景。以智慧变电站为例，5G CPE 可以作为区域内的流量中继中心，为诸多变电站中的物联设备提供低成本、高速率的网络链接能力，真正成为所有设备的管理控制中枢。同时，5G CPE

还将与移动边缘计算技术相结合，成为终端侧的算力中心，为相关设备提供算力支持，见图 4-47。

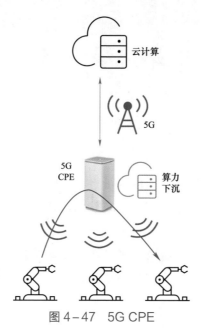

图 4-47 5G CPE

5

智慧变电站边缘设备关键技术

建设智慧物联体系，实现电网各类数据资源实时汇聚与开放共享，大力发展"边缘智能"和边缘物联已成为电力系统打造新一代能源互联网的发展目标。

边缘计算的应用意味着更多处理过程将在本地边缘侧完成，只需要将处理结果上传至云端，可以大大提升处理效率，减轻云端压力，更加贴近本地，可以保障数据的安全性，为用户提供更快的响应。在传统的电力网络中，各个电力终端采集到的数据将传输到主站统一处理。但随着电网规模的扩大，接入的终端设备和产生的数据量不断增多，数据的传输和处理将耗费大量的网络和计算资源，且无法满足时延和安全性的需求。由此，全面扩大边缘计算在感知层的应用，是实现数字化转型的必由之路。

5.1 边缘计算概述

边缘计算指的是在网络的边缘处理数据，这样能够减少请求响应时间、提升电池续航能力、减少网络带宽的同时保证数据的安全性和私密性。它是一种分散式运算的架构。在这种架构下，将应用程序、数据资料与服务的运算，由网络中心节点移往网络逻辑上的边缘节点来处理，或者说，边缘运算将原本完全由中心节点处理大型服务加以分解，切割成更小与更容易管理的部分，分散到边缘节点去处理。边缘节点更接近于用户终端装置，可以加快资料的处理与传送速度，减少延迟。

边缘计算涵盖非常广泛的技术，包括点对点、网格计算、雾计算、区块链和内容传输网络（CDN），边缘计算在移动领域深受欢迎，现在几乎遍及各行各业。

5.1.1　发展简史

边缘计算的起源可以追溯到 20 世纪 90 年代。当时 Akamai 公司推出了内容传送网络（Content Delivery Network，CDN），该网络在接近终端用户设立了传输节点。这些节点能够存储缓存的静态内容，如图像和视频等。当时的边缘计算可通过允许节点执行基本的计算任务来理解。

1997 年，计算机科学家 Brian Noble 演示了移动技术如何将边缘计算用于语音识别，两年后这种方式也被用来延长手机电池的寿命。当时这一过程被称为"cyber foraging"，这也是苹果的 Siri 和 Google 的语音识别的工作原理。

1999 年出现了点对点计算（peer-to-peer computing），随着 2006 年亚马逊公司发布了 EC$_2$ 服务的发布，云计算正式问世，自此以后各大规模的企业纷纷采用云计算。

2009 年发布了移动计算汇总的基于虚拟机的 Cloudlets 案例，详细介绍了延迟与云计算之间的端到端关系，提出了两级架构的概念：第一级是云计算基础设施，第二级是由分布式云元素构成的 cloudlet。这是现代边缘计算的很多方面的理论基础。

2012 年，思科推出了旨在提升物联网可扩展性的分布式云计算基础设施"雾计算"。"雾计算"的概念中有很多是目前理解的边缘计算的理念，包括纯分布式系统，如区块链、点对点或混合系统，其中比较典型的是 AWS 的 Lambda@Edge、Greengrass 和 Microsoft Azure IoT Edge，边缘计算目前已经成为推动采用物联网的关键技术。

5.1.2　边缘计算和云计算的关系

在很多情况下，边缘计算和云计算是共生关系。

随着物联网、虚拟现实、增强现实等技术的发展与应用，未来将会出现数据大爆炸的状况。完全依赖云计算来进行数据传输和处理，将会造成巨大的网络延迟。

边缘计算将数据在边缘节点进行处理能够有效减少数据的传输和处理，但通过云计算的远程存储仍然至关重要。

云计算承载着业界的厚望。业界曾普遍认为，未来计算功能将完全放在云端。但是随着接入设备的增长，在传输数据、获取信息时，带宽越来越捉襟见肘，尤其是随着物联网的发展，云计算在应对联网设备和智能设备增长的大潮下逐渐不能满足需求。搭配了分布式的边缘计算之后，通过智能路由等设备和技术，在不同设备之间传输数据可以有效减少网络流量，降低数据中心的负荷。

5.1.3　边缘计算的特点

如果说云计算是集中式大数据处理，边缘计算则可以理解为边缘式大数据处理。但不同的是，数据不用再传到遥远的云端，在边缘侧就能解决。由于边缘计算更加靠近数据源，所以能够在第一时间获取数据，并对数据进行实时的分析和智能化处理，相较单纯的云计算也更加高效和安全。边缘计算和云计算两者实际上都是对大数据的计算运行的一种处理方式。对比云计算，边缘计算的特点主要有以下几点：

（1）分布式和低延时。边缘计算由于靠近数据接收源头，所以能够实时地获取数据并进行分析处理，能够更好地支撑本地业务的实时智能化处理与执行。

（2）高效带宽利用。高带宽传输数据意味着低延迟，但是高带宽也意味着大量的资源浪费。数据在边缘处理有两种可能：一种是数据在边缘完全处理结束，然后边缘结点上传处理结果到云端；另外一种结果是数据处理了一部分，然后剩下的一部分内容将会交给云来处理。以上两种方式的任意一种，都能极大地改善网络带宽的现状，减少数据在网络中的传输，大大提高带宽的利用效能，进而增强用户体验。

（3）高扩展性和弹性。边缘计算的分布式架构意味着随着延迟的降低，它能够提高弹性，降低网络负载，并且更加容易实现扩展。

边缘计算的数据处理从数据源就已经开始了，一旦完成了数据处理，只需发送需进一步分析的数据。这大大减少了组网需求和集中式服务的瓶颈。

此外对于其他的边缘位置或者在设备上缓存数据的潜力，用户可以避免中断并提高系统的弹性。这减少了扩展集中式服务的需求，因为它们需要处理的流量相对较少，可以节省成本、降低设备复杂性和管理难度。

（4）安全性更高。边缘计算在接收到数据之后，可以对数据加密之后再进行传输，提升了数据的安全性。

5.1.4　边缘计算的未来发展

随着越来越多的终端用户通过边缘计算来提高性能、扩展功能，边缘计算将出现爆炸式增长。

边缘计算可加速数据流生成，包括毫无延迟的实时数据处理。智能应用程序和设备得以在数据创建之时进行即时相应，从而减少延迟时间。这对自动驾驶汽车等技术及企业发展来说至关重要。

边缘计算可在来源附近就地高效地处理大量数据，减少网络带宽使用。成本得以缩减的同时，还可确保远程应用程序的高效使用。

此外，用户无需将数据传输至公有云即可处理数据，从而提高了敏感数据的安全性。

边缘计算不仅可以解决联网设备自动化的问题，且对数据传输量的要求降低，能够在云计算的基础上消除数据存储及数据传输的瓶颈。未来，随着物联网等技术的高速发展，边缘计算作为其关键技术也将会获得巨大的成功。

5.2　智慧变电站边缘设备

智慧变电站边缘设备是基于边缘计算概念，结合智慧变电站管控业务智能化需求而打造的边缘计算终端设备。可结合"云＋雾＋边"的计算平台框架，克服电网输变电的乘数效应对传统的云＋端的解决方案提出的性能挑战。

从技术架构上，在原有云＋端的解决方案中，引入雾计算和边缘计算技术，可分担云端负载，实现合理的计算量分工，高效地使用有限的带宽资源，实现低延迟和快速响应。使云端拥有更充沛的计算和存储资源，负责支撑业务成以及结合多个雾端（站端）数据处理各种跨雾端（站端）的事务，满足全业务统一数据中心的建设需求。

雾端（站端）部署于现场，负责区域内的数据采集和要高速计算、低延迟的业务场景，代理云端实现各种现场联动操作，减少数据通信环节。

智能边缘终端设备以平台化的硬件来支持软件定义的设备功能。根据需求选配，可负责处理计算密集型的计算任务（如现场的图像和视频跟踪识别、时间序列的模式识别等对计算硬件较为敏感的任务）、故障就地分析、设备状态综合监测等就地业务。设备量产和大量部署条件下，可灵活地适应各种不同地业务需要。

5.2.1　技术特点

（1）业务资源、硬件资源高度解耦。

（2）设备能力组件化，可灵活按需配置。

（3）业务及硬件能力集中化，降低屏柜资源占用。

（4）高扩展性，硬件资源可便捷扩容，业务能力可便捷迭代、提升。

（5）板卡式设计，可大大降低设备本身的维护。

（6）标准化接口设计，使设备的适用性更加广泛。

（7）就地计算带来的低延迟、快速响应及高效带宽资源利用优势。

5.2.2 设备能力

5.2.2.1 多能力网络可选配置

设备自带 RJ45 通信接口，并可根据选配网络组件，实现 4G、5G、WiFi 等无线通信及 Zigbbe/LoRa 等物联网通信支持。可根据不同业务需求、现场环境合理选配网络通信方式，提高设备对各种环境支持的灵活度。

5.2.2.2 能力插卡式自由选配

智能边缘终端设备由基板及插卡式能力组件组成，基板可提供底层核心服务组件、供电、通信、数据下发上送等基础支撑，设备各项计算能力、分析能力、算力、业务服务、数据存储等均为独立板卡式设计。

整体设备可根据不同业务需求、现场环境合理搭配出不同规格、不同业务能力的边缘终端设备，可精准匹配业务需求，使得智慧变电站相关的业务需求内容可以更精细的划分；设备选择和搭配更具多样性，从而降低采购成本；也使得设备的维修维护更加便捷。

5.2.2.3 业务即插即用

智能边缘终端设备的插卡式设计，将设备本身做了更加细化的拆分，使得计算能力、分析能力、算力、业务服务、数据存储等硬件及软件的相关能力，耦合度大大降低，实现了软硬件的按需配置能力。

如智慧变电站巡视任务、识别算法、设备状态在线感知、运维辅助决策等业务功能及其所需硬件资源，都可细化拆分至独立能力板卡。在设备基板的基础支撑上，通过各独立板卡的装配，实现业务能力模块加载、算力扩容、算法扩充等需求的快速匹配，在高扩展性的特点下，实现各类业务及需求的加插即用效果。

板卡化的各类能力组件，可更好地满足需求的多样化；使各项业务的更新迭代变得更加快速、便捷；即插即用的模块化结构，也使得设备故障处理工作仅需对板卡进行独立更换即可，可以大大简化维护成本，提高维护效率。

5.2.2.4 标准化能力输出接口

智能边缘终端设备的各项能力板卡，均按照标准化设计，具备统一接入及输出接口。

在完整体系下，各类板卡可提供智慧变电站边端解决方案，满足智能巡视、设备状态监测、辅助设备控制、设备智能联动等边端各类业务需求。

在设备独立使用或有外部需求时，可根据各类板卡的支撑情况，选配各种业务板卡，实现如识别算法、巡视任务、状态监测、设备控制、联动控制等板卡能力的独立使用。通过标准化输出接口，由外部第三方系统或平台通过以上板卡能力完成自有业务的实现。从而实现智能边缘终端设备的最大化利用，避免计算资源、业务能力等现有投入的资源浪费，提高资产的利用价值。

5.2.3 应用场景

5.2.3.1 智慧站边端整体解决方案

智能边缘终端设备作为边端的整体解决方案，需满足智能巡视、设备状态监测、辅助设备控制、设备智能联动等边端业务地实时计算、分析及控制能力。为变电站巡视、联动、控制等边端就地边缘业务提供整体支撑能力。

在此场景中，需在设备基板的基础上，配用相关的如自动巡检业务板卡、设备状态监测分析板卡、辅助设备控制板卡、智能联动板卡、人工智能服务板卡、人工智能加速算力板卡、多用途容器算力扩容板卡等设备解决方案提供的板卡，以满足站端所有的相关业务的支撑能力。实现站端感知数据的统一采集、分析、控制驱动等能力，为相关业务提供足够的硬件算力，在不依赖云端的情况下，完成变电站端智慧管控，并为云端平台提供站端感知数据上送、巡视分析结果上送、设备综合监测分析数据上送、设备控制命令接收及执行、联动命令接收及执行等服务能力。为边端智慧化解决方案提供完整的支撑能力。

5.2.3.2 选配式特定场景适配方案

在选配式特定场景适配方案中，场景需求存在独立性或分离多样性。此部分需求可能需要智能边缘终端设备的单一或部分能力的使用，仍需要智能边缘终端设备实现所用能力的采集、上送或控制能力，并为相关需求能力提供足够的硬件算力支持。

场景中只需要自动巡视业务时，可使用基板加自动巡检业务板卡、人工智能服务板卡、人工智能加速算力板卡等相关板卡，为当前业务提供巡视能力所需的数据采集、巡视任务控制、巡视项识别告警、巡视报告生成等业务能力，并通过算力板卡为以上业务提供硬件算力支撑。

此类场景主要为现场场景的按需选配，可根据实际业务需求，选择不同的设备配置。可从不同的设备接入数量、不同的分析计算量及预算成本情况，选择最合适现场业务的配置进行实施，实现相对最优的实施方案。

5.2.3.3　独立边缘计算终端

在独立边缘计算终端场景下，智能边缘终端设备将作为独立的设备，为已建平台或新建的其他平台提供边端业务及算力服务。基于智能边缘终端设备的标准输入输出接口，设备可作为独立的业务处理终端、智能分析终端（如只提供智能识别算法、提供自动巡视业务能力等），为三方各种需求提供独立或多模块的特定能力支撑，使设备的应用更加广泛。

6 智慧变电站云端设备关键技术

6.1 云 端 服 务

云端服务如图 2-1 所述，云端设备主要包括两个服务器单元以及正向隔离装置。

（1）智能巡视集中监控主机：负责在线感知、智能巡视、压板检测、照明控制、风机空调、安防环境、火灾消防、作业安全管控、视频、机器人、智能标签等数据，来自Ⅳ区。

（2）Ⅳ区镜像服务器：通过正向隔离装置接收Ⅰ区、Ⅱ区的部分数据，形成镜像管理集。

（3）正向隔离装置：

1）保障两个安全区之间的非网络方式的安全的数据交换，并且保证安全隔离装置内外两个处理系统不同时连通。

2）表示层与应用层数据完全单向传输，即从安全区Ⅲ到安全区Ⅰ/Ⅱ的 TCP 应答禁止携带应用数据。

3）透明工作方式：虚拟主机 IP 地址、隐藏 MAC 地址。

4）基于 MAC、IP、传输协议、传输端口以及通信方向的综合报文过滤与访问控制。

5）支持 NAT。

6）防止穿透性 TCP 联接：禁止两个应用网关之间直接建立 TCP 联接，将内外两个应用网关之间的 TCP 联接分解成内外两个应用网关分别到隔离装置内外两个网卡的两个 TCP 虚拟联接。隔离装置内外两个网卡在装置内部是非网络连接，且只允许数据单向传输。

7）具有可定制的应用层解析功能，支持应用层特殊标记识别。

8）安全、方便的维护管理方式：基于证书的管理人员认证，使用图形化的管理界面。

6.2 集控端集控服务

6.2.1 集控端集控站接口

（1）物理接口。巡视主机与主辅设备监控系统等系统通信采用100M/1000M自适应以太网物理介质的通信接口。

（2）接口协议。

1）巡视主机与巡视系统接口协议要求如下：

a. 设备模型信息及设备巡视点位信息以离线文件或在线接口方式同步，在线接口应遵循 TCP 传输协议。

b. 控制指令、查询指令、巡视结果数据、感知设备状态数据、微气象状态数据等传输通信应遵循 TCP 传输协议。

c. 巡视采集的可见光照片、红外图谱、音频等文件传输，遵循 FTPS 安全文件传输规范。

2）巡视主机与主辅设备监控系统接口协议要求如下：

a. 主辅设备监控主机与巡视系统通过正向隔离装置通信，采用 UDP 协议，端口优先采用 9300。

b. 巡视主机与主辅设备监控系统通过反向隔离装置通信，报文格式采用 CIM/E 语言格式。

6.2.2 集控端集控站上送

（1）物理接口。巡视主机与机器人巡视系统、主辅设备监控系统等系统通信采用100M/1000M自适应以太网物理介质的通信接口。

（2）接口协议。站端巡视主机与上级系统接口协议，采用 TCP 协议传输任务管理、远程控制、模型同步等指令，视频传输接口遵循 Q/GDW 1517.1 接口 B 协议，文件传输接口采用 FTPS 协议。

6.2.3　集控端集控站服务

在操作系统层面，安装第三方软件，提供系统运行所需的文件、数据库、高速缓存、消息总线、容器等服务，包括且不限于：

（1）文件。提供本地、网络（CIFS\NFS）、分布式（HDFS\CEPH）文件服务。

（2）数据库。提供文件型（SQLite）、关系型（MySQL）、时序、列式、分布式（HBase）等数据服务。

（3）高速缓存。采用 Redis 提供高速缓存服务，用于进行数据库、文件、图片缓存，以及替代内存（实时）数据库。

（4）消息总线。采用 Kafka 作为服务之间消息传递的推荐方式。

（5）容器。对于常规规模（1~2 台服务器）部署基础的 Docker 容器服务，当条件允许（3 台以上）时，可以考虑部署 Docker Storm 或 Kubernetes 服务。

使用容器可以有效降低服务的相关性，避免相互干扰，并且可以利用自动化工具实现弹性伸缩和自动重启。

（6）Web 发布。部署 Web 服务器提供统一的用户接口，承载网页浏览需求。

（7）代理。部署代理服务实现内网服务的对外一致性。

（8）运行日志管理。使用 ELK 集中管理系统内的主要服务的运行日志。

（9）网络设备监控。使用 Zabbix 通过 Agent、SNMP 等方式监控服务器、交换机等设备的运行状态。

7 三维数字孪生技术

7.1 数字孪生体系架构

数字孪生技术（Substation Digital Twins，SDT）通常是指综合运用多种技术，以实现物理真实空间与数字虚拟空间的实时双向同步映射以及虚实交互为目的的技术。这里的交互是指广义上的交互操作，除人机交互之外，也囊括了物理世界通过传感器感知数据塑造数字世界，以及数字世界反向通过促动器对物理世界进行改造等交互形式。

一个完整的数字孪生结构应当包括物理、数据、模型、功能和能力五个层级，对应着数字孪生的 5 大要素——物理对象、对象数据、动态模型、功能模块及应用能力，其中的关键要素是对象数据、动态模型以及功能模块这三部分。数字孪生体系架构及核心要素见图 7-1。

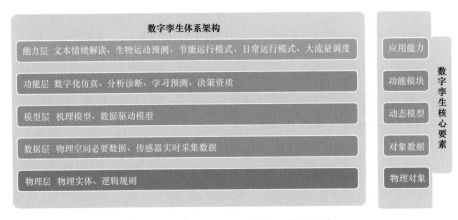

图 7-1 数字孪生体系架构及核心要素

（1）物理层。物理层所包含的物理对象不单指物理实体，同时也包含了对象实体内及对象实体间所存在的运行逻辑、生产关系等真实存在的逻辑规则。

（2）数据层。数据层数据集合了对象实体所在物理空间的固有数据和各类感知传感器采集到的各类运行数据。

（3）模型层。模型层包含了对应对象实体的机理模型以及大量的数据驱动模型，模型的关键在于"动态"，这意味着这些模型强调自学习、自调整的能力。

（4）功能层。"功能模块"是功能层的核心要素，它是指各模型或独立运行或相互联动所形成的半自助性质的子系统，也可表述为一个小型的数字孪生模型。半自助性则是对这些功能模块在设计中既具备独立性、创新性，同时又遵循共同的设计规则、规约，相互之间具备一定的统一性的特性表述。数字孪生模型基于此特性可以在灵活扩展、删除、替换以及编辑的同时，具备重新组合的能力，并根据实际需求实现各类复杂应用，演化成熟的数字孪生体系。

（5）能力层。结合以上各层能力，最终将特定应用场景中的具体问题以功能模块搭配组合的方式来形成解决方案，在归纳总结后会输出一套专业知识体系，作为数字孪生向外提供的应用能力，也被称作应用模式。借助内部模型及模块所具备的半自主的特性，使其形成的模式也可在相当程度上展现自适应调整能力，使能力层的应用更加广泛。

7.2 数字孪生关键技术

按照一个数字孪生系统所能实现的功能来分，数字孪生发展阶段通常可分为 4 个阶段，见图 7-2。

图 7-2 数字孪生发展阶段

7.2.1　数化仿真阶段

在仿真阶段，需要对物理空间信息进行精细并准确的数字复现，同时通过物联网技术将物理空间与数字空间进行虚拟与现实的交互。在数化仿真阶段，不需要传递的数据完全具备实时性，只需要在短周期内局部汇聚和传递，数字世界接收物理世界的数据并对其进行能动改造，基本基于物联网硬件设施。

在本阶段主要牵涉的层级为模型层（特别是构建机理模型）、数据层以及物理层，核心关键技术是物联感知以及数字建模技术。以三维测绘、几何仿真、流程建模等技术为手段，实现物理对象的数字化搭建，复现出对应的机理模型，并基于物联感知技术将对象的物理空间信息传递给计算机。

7.2.2　分析诊断阶段

在分析诊断阶段，需要满足实时同步的数据传递。将数据驱动模型与物理对象的高精数字仿真模型相融合，全周期动态监控物理空间，结合业务实际需求，构建业务知识图谱，生成各类功能模块，将涉及的数据进行剖析、理解，诊断已发生事件并对即将发生的作出预警和调整。从而实现对物理世界的状态追踪、解析和事件诊断等。

本阶段的关键点在于将数据分析模型与机理模型相结合，以统计计算技术、大数据分析技术、知识图谱技术、计算机视觉技术以及物联网相关技术为核心技术来展开。

7.2.3　学习预测阶段

具备学习预测能力的数字孪生结合感知数据的分析结果以及行业动态词典，进行自主学习更新，并参照已知物理对象的运行模式，对未发觉的或未来可能出现的新物理对象在数字空间中进行预测、模拟以及调试。数字孪生在形成对未来发展的趋势判断后，以人类能理解并感知的方式在数字空间中呈现出来。

本阶段的核心是由复数个庞杂的数据驱动模型所构成的且具备自主学习能力的半自主型功能模块，这意味着数字孪生需要做到拟人般灵活感知和解析物理世界，并基于学习理解到的已知知识进行推理，获取未知知识。本阶段涉及的核心技术包括自然语言处理、人机交互、机器学习、计算机视觉等领域。

7.2.4 决策自治阶段

到达决策自治阶段的数字孪生基本可以称为是一个成熟的数字孪生体系。一个成熟的数字孪生体系应当具备决策自治能力。具备不同功能和发展方向但又遵循共同设计规约的功能模块组成了面向不同层级的一个个业务应用能力，它们与一些独立的复杂功能模块在数字空间中进行交互沟通并实现智能结果的共享。随后，作为"中枢神经"的功能模块将各个智能推理结果做进一步归结、整理和分析，预判物理世界的复杂状态，自主形成决策性建议和预测性改造，同时结合实际情况不断地对自身体系进行完善和改造。

在数据类型在此过程中更加复杂多样，并且不断地逼近物理世界的核心，大量的跨系统异地数据交换也必然会伴随而生，甚至会牵涉数字交易。故而，本阶段核心技术在机器学习、大数据等人工智能领域的技术外，还应当囊括区块链、云计算以及高级别隐私保护等方面的技术。

7.3   在智慧变电站中的应用

智慧变电站中，数字孪生首先要解决的是"数据孤岛"的挑战。以往，在电网行业数字化转型的过程中，常见的是各系统、部门的数据信息独立且分散，形成一个个"数据孤岛"；再如，由于数据来源多样化，导致数据格式各异、缺乏标准化，不便于融合利用；此外，还存在数据表达能力不足、缺乏数据交互、难以还原真实场景等顽疾。

打造以电网模型为基础、基于数字孪生技术的物联管控平台，可以有效解决上述挑战。在数字孪生应用架构的底层，可以通过智能设备、智能表计等手段广泛采集物理世界的多源数据，形成全场景、跨系统空间的大数据集；在中间层，则以电网中台为基础，对不同来源、不同格式的数据进行融合和处理；在最上层，通过开放的 API 接口，让数据可以使能二次开发和集成，服务于数字电网的各个具体场景，营造多平台、跨终端的卓越用户体验。无论是在场地现场的设备巡检、故障排查，控制中心负责的配电站和配电管理，还是运维中心负责的业务流程管控、运维计划安排以及远程运维，都可以实现三维可视化运维。其数据和模型的可视化与互联互通，也为更高层次的场景化应用提供了实现基础。

变电站数字孪生能够为提升变电站设备及环境全景实时感知能力、在线诊断设备健康状态、推动提升设备隐患故障定位和检修效率、实现设备全生命周期管理等提供有力支撑。基于数字孪生系统的运维模式，可有效提升设备运维精益化管理水平，减少现场作业频度，降低现场作业误操作风险；通过对设备状态的精准评估，延长设备寿命周期，实现资产增值。变电站数字孪生样例见图 7－3。

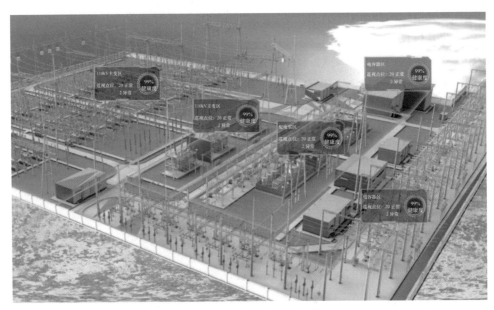

图 7－3　变电站数字孪生样例

在管理上，变电站数字孪生能为变电站的运行管理、作业管理、安全管理、施工管理带来全新的业务决策模式变革；在业务上，以数字孪生技术的应用落地，通过信息系统分析决策，数字孪生变电站实时运行状态的反馈，支撑变电站内业务仿真与实时智能控制，真正由预防性检修向预测性检修转变，使运维管理更高效、生产作业更精准、成本开支更精益、安全防御更主动、人员配置更集约。

8

辅助设备智能监控技术

　　辅助设备智能监控系统包含火灾消防子系统、安全防卫子系统、动环子系统及智能锁控子系统等模块，实现站内辅助监控设备的信息采集、监视与控制管理，并通过安全防护装置与Ⅰ区 SCADA 监控主机交换信息，通过正反向隔离装置与Ⅳ区智能巡视主机交换信息。辅助设备智能监控系统主机采用 DL/T 860 接入各子系统数据信息，可采用 E 文件或 IEC104 规约与Ⅰ区变电站监控系统及Ⅳ区智能巡视系统进行数据通信。

　　辅助设备智能监控系统辅助变电站的运行与管理，对各辅助子系统进行统一的集成和信息汇总，实现变电站辅助子系统的本地化管理、监视、控制；在子系统间信息共享的基础上，实现各子系统的互动，从而实现智能联动、辅助操作、辅助安防等功能。

　　辅助设备智能监控系统通过对全站辅助设备信息的集中采集、全景数据展示、各系统的互动、动环设备监测数据采集与分析报警、安防设备防范与警戒区的划定、一次设备状态感知等技术手段，紧密结合主辅系统信息，利用智能手段进行事件主动响应，提前排除设备隐患，实现从传统的被动监控模式向主动监控模式转变，提高事件处理效率，降低人力成本。现场工作与远方监视的有机结合，在变电站达到智能告警、智能分析、智能联动和智能检修的目的。

　　辅助设备智能监控系统高度集成各辅助系统，实现符合标准的横向及纵向的信息交互和发布，统一网络、统一平台、精简设备，避免重复建设，提高设备利用率，提高电网运行可靠性，为电力系统安全稳定运行和设备有效监管提供技术支撑和保证。

　　辅助设备智能监控系统设备由辅助设备智能监控系统主机、辅助设备、网络设备、信息安全防护设备等组成，实现对变电站内辅助设施运行的综合监视、管理等功能，并可与上级系统、变电站监控系统及智能巡视系统之间进行通信。

8.1 火灾消防子技术

火灾消防子系统的工作原理是火灾探测器可以在火灾发生的初期，将燃烧物体产生的烟雾、热量、火焰等物理量，变成电信号传输到区域报警控制器，发出声光报警信号；区域（或集中）报警控制器的输出外控结点动作，自动向失火层和有关层发出报警及联动控制信号，并按程序对各消防联动设备完成启动，关停操作（也可由站内人员动手完成）。该系统能自动（手动）发现火情并及时报警，同时对相关部位进行灭火处理，以控制火灾的发展，将火灾的损失减到最低限度。

8.1.1 火灾消防子系统设备工作原理及功能

（1）消防信息传输控制单元。消防传输控制单元是对消防监控设备统一接入、统一管理的设备，对不同类型的消防监控设备接入，统一规约上传辅助设备智能监控系统。消防信息传输控制单元支持接入网络通信规约、串口通信规约及硬节点开入开出等信号输出设备。常见的消防子系统串口通信设备有火灾自动报警控制器；硬节点设备有烟感探测、声光报警器、紧急报警按钮等。

主要功能：设备自检及报警、规约转换功能；当接收到火灾报警信息、模拟量采集信息、受控消防设施的状态信息及启停动作反馈信息时，应主动上传；当发生火情时，接收到远端控制命令，通过硬节点开出对受控消防设施进行启停控制，对现场火情进行处理；当线路发生断路、短路等故障，应将故障信息和类别上传。

常用的消防信息传输控制单元关键技术指标如表 8-1 所示。

表 8-1　　　　常用的消防信息传输控制单元关键技术指标

技术参数	技术要求	备注
10/100M 自适应 RJ45 以太网调试接口或调试串口	1	
10/100M 自适应 RJ45 以太网接口	≥2	出站对接网口

续表

技术参数	技术要求	备注
10/100M 自适应 RJ45 或 100M 光纤以太网接口	接口数量≥2;光纤接口应为LC型;光纤类型宜采用多模光纤	站端对接网口
CAN 接口	≥1	可用于与站内火灾自动报警系统通信
RS485 接口	≥4	可用于与站内火灾自动报警系统、模拟量变送器或含有通信接口的受控消防设备通信
4～20mA 模拟量	≥6	可用于与模拟量变送器通信
输出（含反馈）硬接线接口组	≥32	与站端受控消防设施连接接口，输出（含反馈）为1组
装置异常空接点	≥1	硬开出，常开
装置故障空接点	≥1	硬开出，常闭
对时	SNTP 对时	
工作电压	AC220（优先）或 DC220V	
工作温度	$-25～+55℃$	
火灾报警历史事件记录	≥999 条，断电后能保持信息 14 天	
动作时间	收到远方的控制指令，应在 1s 内以硬接线开出	

注　1组包括1个硬接线输出（开出）和1个硬接线反馈（开入）。依据消防行业习惯，一般现场受控消防设备均为1组（启动）控制接口或者2组（启动+停止）控制接口设计，开出和开入配对出现。

（2）火灾自动报警系统。火灾自动报警系统主要由消防报警主机、触发装置等组成。消防报警主机通过接入触发装置对站内的消防进行统一管理和监视。

主要功能：当有火灾警情发生时，触发装置将报警信号传给消防报警主机，消防报警主机将相应防区的报警信号上传给消防信息传输控制单元，及时报告火警，为下一步操作提供依据；同时火灾自动报警系统应将火灾总告警、消防装置总故障、消防启动总信号通过硬接线开出送给测控装置。

（3）固定式灭火系统/其他受控消防设备。固定式灭火系统/其他受控消防设备是当站内发生火警时，进一步控制火情的设备。一般由火灾自动报警系统触发火警信号，由消防信息传输控制单元下发联动控制命令，做出相应的动作。

固定式灭火系统主要包含三种，分别为泡沫喷雾灭火系统、水喷雾灭火系统、排油注氮灭火系统。

1）泡沫喷雾灭火系统采用高效泡沫灭火剂储存于储液罐中，储液罐中高效泡沫灭火剂并没有压力，当变压器出现火灾时，通过变压器本体上缠绕着的两根火灾探测感温双胶线感应主变压器本体温度，当主变压器本体两根火灾探测感温双胶线同时感应到温度达105℃，两根火灾探测感温双胶线外绝缘被击穿，向火灾自动报警联动控制装置发出火灾报警信号。当火灾自动报警联动控制装置收到火灾报警信号后，首先打开高压氮气驱动装置的瓶头阀。高压氮气通过减压后达到预定的工作压力，将氮气输送到储液罐中。当储液罐内压力增高到工作压力时，由火灾自动报警联动控制装置演示打开储液罐出口电磁阀，灭火剂即经过管道和水雾喷头将泡沫灭火剂喷向主变压器顶。

2）水喷雾灭火系统利用高压水经过各种形式的雾化喷头，可喷射出雾状水流，水雾喷在燃烧物上，一方面进行冷却，另一方面使燃烧物和空气隔绝，产生窒息而起灭火作用。水喷雾灭火系统灭火效率高，被广泛应用于变压器的消防。水喷雾灭火系统分固定式和移动式两种装置，主变压器中一般采用固定式喷雾灭火系统。水喷雾灭火系统主要是由水源、供水设备、供水管网、过滤器、雨淋阀组、水雾喷头及相应的火灾自动探测报警系统等组成的。水喷雾喷头一般可分为中速水喷雾喷头和高速水喷雾喷头。雨淋阀的启动控制可分为湿式控制、干式控制和电气控制三种。水喷雾灭火系统具有自动控制、手动控制和应急操作三种启动方式。变压器的火灾探测设备采用定温缆式探测器，正常情况下，雨淋阀组配套控制管路内水压使雨淋阀本体保持在关闭状态。

3）排油注氮灭火系统由控制系统、消防柜、断流阀、排油管路、注氮管路等组成，具有防爆、防火和灭火功能的装置，可用于油浸式变压器及油罐中。排油管路连接在变压器上部，通过排油阀控制系统排油泄压，主要包括排油管道、排油阀、检修阀、伸缩接头等，排油阀的开启杠杆配有重锤并由一个电磁铁控制，电磁铁由控制系统控制开启。注氮管路连接高压氮气瓶及变压器，通过氮气释放阀控制，向变压器底部注入氮气，主要包括注氮管路、氮气释放阀、油气隔离组件、流量调节阀等。其灭火原理是：当变压器内部发生火灾或爆炸危险时，控制系统启动重锤的电磁铁，重锤带动排油阀打开，开始排油，同时断流阀自动关闭，切断储油柜向变压器本体供油，变压器油箱油位降低，油压减轻，防止变压器爆炸。经过数秒延时，控制系统再启动该氮气释放阀，高压氮气瓶内的氮气通过注氮管路进入变压器油箱底部，充入变压器本体，充分搅拌本体内的变压器油，使油温降至燃点以下，避免火灾危险。断流阀的作用使排油注氮装置进行快速排油时，自动切断储油柜与本体油箱之间的油流，防止

"火上浇油"。

三种固定式灭火系统优缺点及性能比较如表8-2所示。

表8-2　　　　　　三种固定式灭火系统优缺点及性能比较

系统类型	泡沫喷雾灭火系统	水喷雾灭火系统	排油充氮灭火系统
保护范围	变压器顶面及套管升高座	变压器底部、四周及油坑	变压器油箱内部
设计灭火强度	8L/（min·m²）	变压器/油坑20/6[L/（min·m²）]	4个注氮口，注氮时间大于30min
灭火阶段	初期、后期	初期、后期	初期
灭火时间	小于5min	—	小于1min
连续供给时间	不小于15min	不小于24min	不小于10min
风速影响	小	较小	不受影响
占地面积	较小	大	小
系统结构	较为简单	复杂	简单
灭火效能	效率高，但油箱内部降温效果差，变压器下部火灾会复燃	效率高，但油箱内部降温效果差，油温高时易复燃	灭火迅速，内部降温效果好，外部降温效果差，需配辅助灭火设施
运行管理	维护工作量较小，需根据泡沫液的保质期定期更换泡沫液	维护工作量大，需定期试喷	维护工作量小
造价成本	低	高	较低
优点	高效、经济、安全、环保、误报后果小	技术成熟、安全可靠、误报后果小	通过限制变压器内部故障引起火灾，能最大程度保全变压器；小型紧凑，造价低，土建安装及运行管理工作量小，费用低
缺点	只能对变压器明火进行扑灭，变压器损坏大；管理维护费用高	只能对变压器明火进行扑灭，变压器损坏大；配套设施多，占地面积大，投资高	只能扑救初期火灾且无法试喷；误报后影响正常运行；存在氮气泄漏问题

（4）消防水池液位变送器。消防水池液位变送器是监测消防水池液位变化的传感器。

主要功能：实时监测站端消防水池液位，将信息上传给消防信息传输控制单元。当液位下降或升高到一定位置时，消防信息传输控制单元做出相应处理并提示运维人员。

（5）消防管网压力变送器。消防管网压力变送器是监测消防管道水压变化的传感器。

主要功能：实时监控站端消防管道水压，将信息上传给消防信息传输控制单元。当水压下降或升高到一定压力值时，消防信息传输控制单元做出相应处理并提示运维人员。

（6）消防电源电压变送器。消防电源电压变送器是监测消防设备供电电源电压的传感器。

主要功能：实时监控站端消防设备供电电源，将信息上传给消防信息传输控制单元。当供电电源电压不正常时，消防信息传输控制单元做出相应处理并提示运维人员。

8.1.2 应用场景分析

（1）火灾报警。火灾消防子系统通过火灾触发装置（传感器）对防区进行全方位监视，触发装置可将现场火情信号实时传送至主控制中心及分控室的消防报警主机。

当有火灾发生时，触发装置会将相应防区的报警信号传给消防报警主机，主机将采集到的报警信号转发给上级系统或者通过相关的配置规则触发相关动作。

（2）消防灭火。站内配置灭火装置，当发生火灾报警时，触发相关区域报警，根据相关预设规则触发消防灭火装置动作或远程控制灭火装置，对相关区域进行及时的灭火处理，为到达现场的人员争取时间，降低火灾造成的损失。

（3）消防联动。火灾消防子系统可通过开关量实现各种设备间联动：开启门禁使火灾区域的人员能够逃生；实现与电源控制开关的联动，自动切断重要设备的电源等。

当发生火灾报警触发后，火灾报警信号传递给辅助设备智能监控系统，辅助设备智能监控系统对相关设备下发联动控制命令，可以控制起动风机、切断重要设备电源、一键设置门禁设备全部门磁开启，同时开启联动相应的灯光照明，调用摄像机预置位，以便前端及监控中心及时了解现场火势，并采取相关措施。

8.2 安全防卫子系统

安全防卫子系统主要由红外对射、红外双鉴、紧急报警按钮、声光报警器、门禁控制器、电子围栏、防盗报警控制器、安防监控终端等设备组成。各探测器通过报警线缆直接与安防监控终端连接，当发生报警时，报警信息能够及时上传给安防监控终端，并能联动相关设备，如启动照明灯光、声光报警器、摄像机等。具备安防监控信息的采集、处理、控制、通信和异常告警等功能。变电站未配置防盗报警控制器的，所有入侵探测器/报警器直接接入安防监控终端；变电站已配置防盗报警控制器的，所有入侵探测器/报警器可通过防盗报警控制器接入安防监控终端,防盗报警控制器同时将防盗报警信号远传至当地110报警中心。

8.2.1　安全防卫子系统设备工作原理及功能

（1）安防监控终端。安防监控终端是对安防监控设备统一接入、统一管理的设备，对不同类型的安防监控设备接入，统一规约上传辅助设备智能监控系统。安防监控终端支持接入网络通信规约、串口通信规约及硬节点开入开出等信号输出设备。常见的安全防卫网络通信规约设备有门禁控制器、防盗报警主机；串口通信设备有脉冲式电子围栏；硬节点设备有红外双鉴探测器、红外对射探测器、紧急报警按钮、声光报警器等。

主要功能：具备区域入侵报警功能；具备对安防监控点的布撤防功能；能够接入门禁控制器、电子围栏、防盗报警控制器等设备，并具备接入设备的管理功能；具备开入开出接口；具备配置联动策略实现设备之间联动的功能。

常用的安防监控终端关键技术指标如表 8-3 所示。

表 8-3　　　　　　　常用的安防监控终端关键技术指标

技术参数	技术要求	备注
以太网接口	4 个 100M 电口	独立网段
RS485	1 个	
开入开出	≥16 路开入，≥1 路开出	
异常空接点	≥1	硬开出，常开
故障空接点	≥1	硬开出，常闭
画面刷新时间	≤1s	液晶显示数据的刷新时间
联动响应时间	≤2s	
工作电压	AC220V，±15%或 DC24V，±20%	
外壳防护等级	室外 IP44，室内 IP32	安装在室外设备箱内的终端视作室内条件
防护要求	室外环境应安装在具有实体锁具防护的箱体内	

（2）防盗报警控制器。防盗报警控制器是一个利用物理方法或者电子技术，可以自动探测发生在布防监测区域内的侵入行为，从而产生报警信号，并提示值班人员发生报警的区域部位，可以及时采取相应对策。防盗报警控制器的报警提示一般分为两种：一种是现场警号响起，另外是通过网络或者通信方式将报警信息传达给指定的人或系统平台。通常在使用过程中，由防盗报警控制器所接入的探测器在布防监测区域内发生侵入行为或者由报警器主动触发，从而产生报警信号，报警信号再经过传输通道传输给报警主机，由报警主机发出报警提示。

防盗报警控制器是可以接入站内安防设备并对外报警的设备，以提高站的安全性。

主要功能：具备身份验证功能；具备全部和/或部分设防功能，设防成功后有相应的指示，设防失败时，应能立即给出指示和/或报警信号和/或信息；具备对设备进行全部或部分布撤防操作；具备入侵报警功能，具备瞬时报警、延时报警和24h报警等入侵报警输出方式，具备声光报警联动功能；具备多路报警功能，多个探测回路依次或者同时被触发时，不应产生报警；当设置110报警的设备发生报警时，第一时间联动110报警中心报警。

常用的防盗报警控制器关键技术指标如表8-4所示。

表8-4   常用的防盗报警控制器关键技术指标

技术参数	技术要求	备注
基础防区数量	≥16个	
防区扩充数量	≥64个	
支持扩展键盘数	≥8个	
RS485总线通信接口	≥4个	1个接扩展键盘，2个接探测器/输出前端设备，1个接安防监控终端
网络接口	1个	
GPRS模块	支持	可选配
电话模块	支持	可选配
辅助电源输出接口	DC12V，1A	
警号输出	DC12V，1A	
事件存储容量	报警日志≥3000条，操作日志≥3000条	
工作电压	AC220V，±15%	

续表

技术参数	技术要求	备注
蓄电池备用电源	DC12V，≥7AH	可选配
使用环境	使用温度−5～+45℃，相对湿度10%～95%，无冷凝	

（3）脉冲式电子围栏。脉冲式电子围栏是对变电站周界进行物理防护的设备，同时具备防区入侵报警功能。主要由前端探测围栏和高压电子脉冲发生器组成。脉冲式电子围栏发出的高压脉冲信号经过围栏电子线（合金线）组成的回路后，要以高于限定报警电压的电压值回到脉冲主机，若脉冲主机不能收到返回的高压信号，或者返回的脉冲信号低于限定报警值，脉冲主机报警。如围栏线断开、接地、相邻两线短路、雨天植被覆盖等均为高压信号不能返回的情形。

主要功能：具备多防区报警功能；当检测到入侵事件时，报警主机输出相应防区的报警信息到安防监控终端，安防监控终端可根据预置联动规则做出相应联动作，如触发声光报警器、联动照明、摄像机等。

常用的脉冲式电子围栏关键技术指标如表8-5所示。

表8-5　　　　　　　　　常用的脉冲式电子围栏关键技术指标

技术参数	技术要求	备注
通信接口	1个RS485	
防区数量	2个	
高压模式脉冲峰值	5000～10 000V	
低压模式脉冲峰值	500～1000V	
脉冲周期	1s～1.5s	
脉冲持续时间	≤0.1s	
单脉冲最大电量	2.5mc	
最大能量	5.0J	
报警延时调节	0～999s 可调	
防区报警输出方式	通信方式、硬接点方式	
工作电压	AC220V，±15%，50Hz	
蓄电池备用电源	DC12V，≥7AH	

续表

技术参数	技术要求	备注
外壳防护等级	室外 IP44，室内 IP32	安装在室外设备箱内视作室内条件
防护要求	室外环境应安装在具有实体锁具防护的箱体内	
使用环境	使用温度 −40～+70℃，相对湿度 10%～95%，无冷凝	

（4）红外对射探测器。红外对射探测器是利用红外光束遮断方式的探测器。红外对射探测器由发射端、接收端、光束强度指示灯、光学透镜等组成。其侦测原理是利用红外发光二极管发射的红外射线，再经过光学透镜做聚焦处理，使光线传至很远的距离，最后光线由接收端的光敏晶体管接收。当有物体挡住发射端发射的红外射线时，由于接收端无法接收到红外线，所以会发出警报。红外线是一种不可见光，而且会扩散，投射出去之后，在起始历经阶段会形成圆锥体光束，随着发射距离的增加，其理想强度与发射距离呈反平方衰减。当物体越过其探测区域时，遮断红外射束而引发警报。

主要功能：当有物体经过光束时，光束中断，会触发报警信号，将报警信号发送给安防监控终端，由安防监控终端触发相应的联动动作。

常用的红外对射探测器关键技术指标如表 8−6 所示。

表 8−6　　　　　　　常用的红外对射探测器关键技术指标

技术参数	技术要求	备注
红外光束数	2，3，4	
探测距离	100、150、200m	
探测方式	光束遮断探测	
报警周期	（2±1）s	
校正角度	水平 180°，垂直 20°	
防拆开关	平常为连通，拆开时开路	
工作电压	DC24V，±20%	
使用环境	使用温度 −25～+55℃，相对湿度 10%～95%，无冷凝	
外壳防护等级	IP 65	
加热器	电源 DC24V，低于 5℃启动，高于 7℃关闭	

（5）红外双鉴探测器。红外双鉴探测器是被动式红外传感器和微波传感器的组合，微波可对移动物体响应，红外对温度变化的物体响应，在控制范围内只有两种传感器都响应时，才会输出设备报警信号。它既能保持微波探测器可靠性强、与热源无关的优点有集被动红外探测器无须照明和亮度的要求、可昼夜运行的特点、大大降低探测器的误报率。

主要功能：当有人员经过探测器所监测范围时，会触发报警信号，将报警信号发送给安防监控终端，由安防监控终端触发相应的联动动作。

常用的红外双鉴探测器关键技术指标如表8-7所示。

表8-7　　　　　　　　　常用的红外双鉴探测器关键技术指标

技术参数	技术要求	备注
探测范围	12m×12m	
探测角度	110°	
报警开关	NO/NC 输出	
工作电压	DC24V，±20%	
消耗电流	≤20mA	
防拆开关	平常为连通，拆开时开路	
使用环境	使用温度 -10～+50℃，相对湿度 15%～95%，无冷凝	

（6）紧急报警按钮。紧急报警按钮是硬节点的按钮，具备一键报警功能。紧急报警按钮时一个具备常开或常闭接入的硬节点信号设备。

主要功能：当需要人为手动报警时，按下按钮即可对所连设备发出报警信号，做出相应的联动动作；可通过固定的钥匙或设备手动复位报警信号。

常用的紧急报警按钮关键技术指标如表8-8所示。

表8-8　　　　　　　　　常用的紧急报警按钮关键技术指标

技术参数	技术要求	备注
通信方式	有线硬接点	
触点耐压值（VDC）	≤250	
触点耐流值（mA）	≤300	
触点模式	常开/常闭	
产品尺寸（mm）	86×86	

（7）门禁控制器。门禁控制器是用来管理人员出入重要位置的设备。读卡器用来读取刷卡人员的智能卡信息（卡号），再转换成电信号送到门禁控制器中，控制器根据接收到的卡号，通过软件判断该持卡人是否得到过授权在此时间段可以进入大门，根据判断的结果完成开锁、保持闭锁等工作。对于联网型门禁系统，控制器也接收来自管理计算机发送的人员信息和相对应的授权信息，同时向计算机传送进出门的刷卡记录，管理人员也可以通过远程控制对门禁进行开锁、闭锁工作。单个门禁控制器就可以组成一个简单的门禁系统，用来管理一个、两个或四个门。多个控制器通过通信网络同计算机连接起来就组成了整个站内门禁系统。在服务器中安装门禁的管理软件，管理整个门禁系统中所有的信息分析与处理。

主要功能：实现对通道进出的权限、进出时段管理，可实时查看每个出入口人员进场情况、门的状态，具备异常报警和消防联动功能；储存所有的进出记录、状态记录，并提供多种查询手段对出入记录进行查询。具备强制开门和关门功能。

常用的门禁控制器关键技术指标如表8-9所示。

表8-9 常用的门禁控制器关键技术指标

技术参数	技术要求	备注
管理门数	1，2，4	
开门延时时间	1~600s 可调	
用户注册卡数量	不少于 2 万个	
脱机存储记录数量	不少于 10 万条	
响应时间	刷卡响应时间＜0.5s	
防拆防撬	防拆输入 1 路	
告警机制	具有以下告警，可分别设置是否启用：门开超时、非法闯入、出门按钮短路等	
告警联动	火警告警、门开超时、暴力入侵告警等联动输出	
端口保护	防反接、防错接	
工作电压	AC220V	
工作电流	＜100mA	
防雷	电源、RS485、网络端口为 2kV/1kA 防雷保护，其他端口为 600W 浪涌防雷保护	

8.2.2 应用场景分析

（1）人员非法入侵报警。目前变电站内均设有周界防护，常使用电子围栏或红外对射作为周界防护手段。电子围栏通常采用脉冲式高压输出防护周界，形成物理屏障，可延迟入侵时间，让触碰或被拆断时均产生报警信号，传至辅助设备智能监控系统，同时产生报警联动措施，如触发声光报警器；红外对射采用红外波段的射束，人视觉不可见，具有隐蔽防卫方式，当人员入侵时会触发报警信号，传至辅助设备智能监控系统，提示非法入侵。室内入侵通常使用红外双鉴设备，用于提示有人经过某一位置，在辅助设备智能监控系统中会有相应告警提示信息。当上述告警触发时，在辅助设备智能监控系统中可以通过调用对应位置摄像机的预置位或相关录像，观察告警位置的状况，采取相应应对措施。

（2）人员关键位置出入权限管理。变电站内使用门禁系统对关键位置或房间设置出入权限，出入人员需要由相应的出入许可方可正常通过。每一次门禁开启都会有时间、地点、出入人员等相关信息，以便后续对人员出入的核验。门禁出入同时也可以联动摄像机，对于需要远程操作开启门禁或需要确认相关出入人员提供可靠依据。

（3）突发事件紧急报警。变电站内配置防盗报警控制器，可对站内接入的报警设备信号接入，同时可配置110报警。当发生突发事件或不可控事件时，可第一时间通过设备配置或者紧急报警按钮，对外进行报警，减少站内损失。

8.3 动环子系统

动环子系统是对站内环境信息监测的子系统，采集各类传感器信息并对相关设备做出控制。通过 DL/T 860 标准将相关数据上传给辅助设备智能监控系统。动环子系统设备主要包含动环监控终端、微气象传感器、温湿度传感器、SF_6（O_2 含量）传感器、水浸探测器、漏水探测器、空调控制器、照明控制器、风机控制箱、水泵控制箱、除湿机控制箱等，具备环境数据采集、设备远程控制、告警上传等功能。

8.3.1　动环子系统设备工作原理及功能

（1）动环监控终端。动环监控终端是对动环监控设备统一接入、统一管理的设备，对不同类型的动环监控设备接入，统一规约上传辅助设备智能监控系统。动环监控终端支持接入网络通信规约、串口通信规约及硬节点开入开出等信号输出设备。常见的动环串口通信设备有脉微气象传感器、温湿度传感器、SF_6/O_2 浓度传感器、空调控制器、风机控制器、水泵控制器、除湿机控制器、漏水传感器等；硬节点设备水浸传感器等。

主要功能：具备微气象、温湿度、SF_6、水浸、漏水等传感器采集功能以及空调、风机、水泵、除湿机等设备的控制功能；具备开入开出功能，对装置故障、异常告警信号可通过硬节点方式上传告警；具备配置联动策略实现设备之间联动的功能，具备阈值设置及报警功能。

常用的动环监控终端关键技术指标如表 8-10 所示。

表 8-10　　　　　　　　常用的动环监控终端关键技术指标

技术参数	技术要求	备注
以太网接口	2 个 100M 电口	
开入	不少于 6 路 DC24V 开入，开入分辨率≤30ms	
开出	不少于 4 路继电器触点开出，长期允许闭合电流≥5A，短时允许闭合电流≥30A，200ms	
串口通信	不少于 2 路 RS485	
异常空接点	≥1	硬开出，常开
故障空接点	≥1	硬开出，常闭
画面刷新时间	≤1s	液晶显示数据的刷新时间
联动响应时间	≤2s	
工作电压	AC220V 或 DC24V	
工作温度	-40～70℃	

（2）水浸探测器。水浸探测器是对站内电缆层相应高度是否积水进行监测的传感器。利用液体导电原理进行检测，正常时两极探头被空气绝缘；在浸水状态下探头导通，传感器输出干接点信号。当水接触到传感器探头时，主控芯片通过计算磁场变化准确判定状态并作出处理。

主要功能：采集水浸信息；具有开出接口，可上传报警信息。

常用的水浸探测器关键技术指标如表 8－11 所示。

表 8－11　　　　　　　　常用的水浸探测器关键技术指标

技术参数	技术要求	备注
工作温度	0～70℃	
工作湿度	20%RH～95%RH	
误报率	$<100 \times 10^{-6}$	
静态功耗	0.5W	
最大报警功耗	1.2W	
工作电压	DC24±20%V	
接口	1 路开出量	负载电流 100mA

（3）漏水探测器。漏水探测器是对站内重点位置漏水进行监测的传感器。漏水探测器的原理就是用于液体导电，使用电极探测是否有水的存在，然后再用传感器将其转化为干接点的输送。漏水探测器是全部密封的，保障了产品的准确精度，灵敏度很高，使用方便，便于安装，漏水传感器不但可以单独安装，也可以和其他一起使用，通过输入后的信号，就可以完成远程控制等设备。

主要功能：采集漏水信息；具有漏水、断线检测功能；具有开出接口，可上传报警信息。

常用的漏水探测器关键技术指标如表 8－12 所示。

表 8－12　　　　　　　　常用的漏水探测器关键技术指标

技术参数	技术要求	备注
检测灵敏度	50～250 可设定	
响应时间	<5s，可设定	
工作温度	-10～40℃	
工作湿度	10%～90%RH	
静态功耗	3W	
工作电压	DC24V	
接口	1 路开出量	

（4）风机控制箱。风机控制箱是对站内风机设备远程控制的设备。风机控制箱内部配置 RS485 通信模块，通过 RS485 通信模块对继电器进行远程控制，

当继电器闭合时，所接风机形成闭合回路，启动风机；当继电器断开时，所接风机回路断开，即完成关闭风机操作。RS485 通信模块同时具备所控回路的状态上传功能。

主要功能：具备风机状态采集功能；具备风机启停控制功能。

（5）水泵控制箱。水泵控制箱是对站内水泵设备远程控制的设备。水泵控制箱内部配置 RS485 通信模块，通过 RS485 通信模块对继电器进行远程控制，当继电器闭合时，所接水泵形成闭合回路，启动水泵设备；当继电器断开时，所接水泵回路断开，即完成关闭水泵操作。RS485 通信模块同时具备所控回路的状态上传功能。

主要功能：具备水泵状态采集功能；具备水泵启停控制功能。

（6）除湿机控制箱。除湿机控制箱是对站内除湿机设备远程控制的设备。除湿机控制箱内部配置 RS485 通信模块，通过 RS485 通信模块对继电器进行远程控制，当继电器闭合时，所接除湿机形成闭合回路，启动除湿机；当继电器断开时，所接除湿机回路断开，即完成关闭除湿机操作。RS485 通信模块同时具备所控回路的状态上传功能。

主要功能：具备除湿机状态采集功能；具备除湿机启停控制功能。

（7）微气象传感器。微气象传感器是对站内室外环境进行监测的传感器，它是一种集测温度、湿度、风速、风向、大气压力、降雨量等六种室外环境量的传感器。

微气象测量风速风向的原理通常采用发射连续变频超声波信号，通过测量相对相位来检测风速风向，与传统的超声波风速风向仪相比，多功能气象传感器克服了对高精度计时器的需求，避免了因传感器启动延时、解调电路延时、温度变化而造成的测量不准问题。超声波是一种频率高于 20kHz 的声波，是基波和高次谐波的合成，由于谐波声场的存在，使得超声波这一合成声场具有良好的指向性。超声波频率高，波长短，衍射不严重，声学参量阵使得声波能量在传播过程中不断得到加强，因而沿直线传播时，在一定距离内具有良好的束射性和指向性，容易获得集中的声能。

微气象测量大气压力通常采用压阻式的方法，即在单晶硅片上扩散上一个惠斯通电桥，通过电压阻效应使桥壁电阻值发生变化，产生一个差动电压信号。此信号经专用放大器，再经电压电流变换，将量程相对应的信号转化成标准 4～20mA/1～5VDC。

　　微气象测量雨量通常采用光电式的方法，微气象内有一对红外光发射装置和两对红外导光器。导光器具有特定的折光系数，它可实现将光线呈圆弧线路传导。无降雨时，导光器将红外光发射端的光稳定导通至接收端，接收端接收到的光能量基本处于平衡状态。当有水接触到导光器时，光传导通路发生散射，接收端接收到的光能量发生跳变衰减，通过一定的电路和算法，创建不同雨滴的衰减数学模型，进而计算出每个雨滴的大小，根据雨滴大小和雨滴数量来计算单位面积的降雨量。

　　主要功能：采集室外温度、湿度、风速、风向、气压、雨量数据信息；具备对外 RS485 通信接口，采用标准 Modbus 协议上送数据。常用的微气象传感器关键技术指标如表 8－13 所示。

表 8－13　　　　　　　　　常用的微气象传感器关键技术指标

技术参数	技术要求	备注
温度	测量范围：－40～＋50℃	
	分辨力：0.1℃	
	准确度：±0.3℃	
湿度	测量范围：0～100%	
	分辨力：1%	
	准确度：±4%（电容式温度传感器，＜80%时）；±8%（电容式湿度传感器，≥80%）	
风向	测量范围：0°～360°	
	分辨力：3°	
	准确度：±5°	
	风向启动风速：＜0.5m/s	
	抗风强度：75m/s	
风速	测量范围：0～60m/s	
	分辨力：0.1m/s	
	准确度：±（0.5＋0.03）m/s	
	启动风速：＜0.5m/s	
	抗风强度：75m/s	
气压	测量范围：550～1060hPa	
	分辨力：0.1hPa	
	准确度：±0.3hPa	

续表

技术参数	技术要求	备注
雨量	测量范围：0~500mm	
	降水强度：0~4mm/min	
	分辨力：0.2mm	
	准确度：±0.4mm（≤10mm 时）；±4%（＞10mm 时）	
工作电压	DC24V±20%	
工作温度	−40~＋70℃	
通信接口	1 个 RS485	

（8）温湿度传感器。温湿度传感器是对站内室内温湿度进行采集的传感器。温湿度传感器多以温湿度一体式的探头作为测温元件，将温度和湿度信号采集出来，经过稳压滤波、运算放大、非线性校正、V/I 转换、恒流及反向保护等电路处理后，转换成与温度和湿度呈线性关系的电流信号或电压信号输出，也可以直接通过主控芯片进行 RS485 或 232 等接口输出。

主要功能：采集环境温度、湿度信息；具备液晶显示功能，可实时显示温度、湿度信息；具有 RS485 接口，采用标准 Modbus 协议上送数据。

常用的温湿度传感器关键技术指标如表 8－14 所示。

表 8－14　　　　　　　　常用的温湿度传感器关键技术指标

技术参数	技术要求	备注
温度量程	−20~80℃	
温度测量精度	±0.5℃（−20~60℃）	
温度测量稳定性	＜0.1℃/y	
湿度量程	0%RH~100%RH	
湿度测量精度	±3%（25℃，5%RH~95%RH）	
湿度测量稳定性	＜1%/y	
显示	液晶显示	
工作温度	−40~70℃	
工作电压	DC24±20%V	
接口	1 路 RS485 数据接口	

（9）SF_6/O_2 含量传感器。SF_6/O_2 含量传感器是对室内一次设备 SF_6 泄漏进行监测的传感器。SF_6/O_2 含量传感器包括 SF_6 检测单元、氧气检测单元、温湿度测量单元和通信单元，对 SF_6 的检测采用红外检测技术，克服了测量误差大、精度差、稳定性差等缺点；氧气检测单元一般采用进口传感器，测量精度高、性能稳定；温湿度测量部分采用数字输出的温湿度模块，具有精度高、重复性好等特点。可实时、在线感知环境中 SF_6 气体浓度、氧气含量以及温湿度的变化，并将检测到的数据通过 RS485 总线上传。

主要功能：采集 SF_6 浓度、O_2 浓度、温度、湿度信息；具有 RS485 接口，采用标准 Modbus 协议上送数据。

常用的 SF_6/O_2 含量传感器关键技术指标如表 8-15 所示。

表 8-15　　　　常用的 SF_6/O_2 含量传感器关键技术指标

项目	技术参数	技术要求	备注
SF_6	测量范围	$0\sim3000\mu V/V$	
	精度	$\pm2\%$（25°C）	
O_2	测量范围	$0\sim25\%$	
	精度	$\pm0.1\%$	
温度	测量范围	$-25\sim85^\circ\text{C}$	
	精度	0.1°C	
湿度	测量范围	$0\sim99\%$	
	精度	1%	
通用	工作电源	DC24V	
	通信接口	1 个 RS485	

（10）空调控制器。空调控制器是控制空调对站内室内环境温度、湿度进行调整的设备。空调控制器学习及存储空调遥控器的红外指令，模拟发送空调控制代码实现空调的远程控制功能；空调控制器实时检测空调运行状态、故障状态及控制器自身状态，当出现异常时设备既可现场告警通知（告警指示灯、告警蜂鸣器等方式），同时将告警信号输出到动环监控终端，有效实现空调全方位智能监控及远程管理。

主要功能：支持主流品牌空调的监测和控制；可学习设置温度、运行模式、风速等各种命令；支持远程设定空调的工作参数；空调状态采集功能；采用标

准 Modbus 协议。

常用的空调控制器关键技术指标如表 8－16 所示。

表 8－16　　　　　　　常用的空调控制器关键技术指标

技术参数	技术要求	备注
遥控发射通道	1	
存储命令数	64/32	
载波频率	30～50kHz 可设定，出厂默认 38kHz	
遥控距离	5～10m	
空调运行电流	0～20A	
空调运行状态	实时空调运行状态	
工作电压	DC12±20%V	
温度范围	－10～50℃	
湿度范围	10%RH～90%RH	
串口通信	1 路 RS485	
通信速率	2400、4800、9600bps 可选择，默认 9600bps	

（11）照明控制器。照明控制器是对站内照明设备进行远程控制的设备。照明控制器通过 RS485 通信，对继电器进行远程控制，当继电器闭合时，所接灯光控制形成闭合回路，启动灯光；当继电器断开时，所接灯光控制回路断开，即完成关闭灯光操作。照明控制器同时具备所控灯光回路的状态上传功能。

主要功能：具备开出功能，允许远方控制；具备灯具开启、关闭状态指示功能；具备灯具开启、关闭状态上送功能；具备 RS485 接入功能，通信规约应采用 Modbus 协议。

常用的照明控制器关键技术指标如表 8－17 所示。

表 8－17　　　　　　　常用的照明控制器关键技术指标

技术参数	技术要求	备注
串口通信	1 路 RS485	
可控照明回路数	不少于 6 个	
工作电压	AC220V 或 DC24V	
继电器通断电流能力	≥8A	

技术参数	技术要求	备注
开关状态	不少于 6 个	允许继电器状态回采
面板指示灯	开：亮； 关：灭	
双控	可就地操作，可远方遥控	

8.3.2　应用场景分析

（1）室内环境控制。室内环境在变电站内具有很重要的地位，部分重要设备对温度和湿度有一定要求。当环境温度或湿度达到一定临界数值时，需要对环境进行调控。环境的调控主要通过辅助设备智能监控系统对室内辅助设备进行远程控制来实现。通过温湿度传感器对温度和湿度的采样，联动空调设备或除湿机控制器，平衡室内环境的温度和湿度。辅助设备智能监控系统能够实时掌握各个室内的环境条件，当需要调控时，自动控制空调或除湿机控制器。

（2）室内 GIS 环境控制。室内 GIS 设备是重要的一次设备，在发生气体泄漏时，若不及时做出处理，会造成很大损失。这就需要辅助设备智能监控系统实时监控 GIS 室的环境状况，动环子系统中 SF_6/O_2 含量传感器和风机控制器，可以分别做到环境监控及有效更新室内气体含量的功能。当发生 SF_6 泄漏时，SF_6/O_2 含量传感器会感应到 SF_6 含量超标，并发出告警信息到动环终端。此时动环终端将告警传至辅助设备智能监控系统，触发辅辅联动，控制 GIS 室风机进行通风换气，以保证室内气体含量达到正常值，使运维检修人员能够正常进行设备维修。

（3）线缆层排水。变电站内室内室外均有电缆层，长时间无人管理，电缆层可能存在积水，如果不及时处理，会存在较大隐患。动环子系统通过水浸或漏水传感器对电缆层进行实时监视，当积水达到指定高度时，触发报警信息。辅助设备智能监控系统可联动动环子系统的水泵设备进行及时排水，减少隐患。

8.4　智 能 锁 控 子 系 统

智能锁控子系统主要包含锁控监控终端、电子钥匙、锁具等，具备上送开锁任务、人员及锁具配置信息，下发开锁任务到电子钥匙等功能。

8.4.1 智能锁控子系统设备功能

（1）锁控监控终端。锁控监控终端是对锁控设备统一接入、统一管理的设备，对锁控设备接入，统一规约上传辅助设备智能监控系统。

主要功能：支持本地化配置与存储变电站锁具信息；支持向站控层同步锁具配置信息；支持从站控层同步更新人员配置信息；具备身份验证功能；具备电子钥匙充电、显示电量、在线监测功能、告警提示功能、充电回路故障检测功能、数据传输异常提示、子机座扩展功能等。

常用的锁控监控终端关键技术指标如表 8-18 所示。

表 8-18   常用的锁控监控终端关键技术指标

技术参数	技术要求	备注
工作电压	额定电压：AC220V，允许偏差为 -20%~+15%	
工作电流	≤300mA	
充电电压	DC5V	
充电电流	≥500mA（单个钥匙座）	
装置功耗	≤50W	
输出功率	≤25W	
通信速率	RS232 通信接口：支持 4800bit/s、9600bit/s、115 200bit/s、14 400bit/s、19 200bit/s；以太网口：100Mbits/s；type-c：500kbit/s	
装置异常空接点	≥1	硬开出，常开
装置故障空接点	≥1	硬开出，常闭
时钟误差	24h 误差不超过 2s	
硬件配置	CPU 主频不低于 1.33GHz，具备双核，运行 RAM 不小于 2G，双存储备份，主硬盘不低于 32G，备份硬盘不低于 4G	
接入锁具数	2048 个	
响应时间	3s	
显示画面切换时间	<0.2s	
最大接收操作任务数	≤50 个	
彩色触摸屏	≥7 寸	
平均无故障时间	≥30 000h	

（2）电子钥匙。电子钥匙为锁控监控终端配套使用。

常用的电子钥匙关键技术指标如表 8-19 所示。

表 8-19　　　　　　　　　常用的电子钥匙关键技术指标

技术参数	技术要求	备注
电池电压	DC3.6V	
电池容量	≥600mAh	
静态最大电流	≤100mA	
动态最大电流	≤1200mA	
失电记忆时间	≥10 年	
最大连续开锁时间	≥4h	
不充电连续开锁次数	≥500 次	
识别锁编码个数	$\geq 2^n$（$n \geq 12$，n 为整数）	
一次接收开锁任务的项数	≥1000 项	
锁具采集频率	125kHz，433MHz	
支持锁具总数	≥5000 个	
屏幕尺寸	$\geq 128 \times 64$	
分辨率	≥0.96 英寸	
充电时间	≤4h	
时钟精度	±0.5s/天	
开机时间	≤2s	

（3）锁具。锁具为锁控监控终端配套使用。

常用的锁具关键技术指标如表 8-20 所示。

表 8-20　　　　　　　　　常用的锁具关键技术指标

技术参数	技术要求
工作电压/电流	无源
锁芯材质	铜材或不锈钢
锁芯弹子材质	不锈钢
锁芯结构	机械驱动类锁芯结构：锁芯内闭锁弹子数量应不少于 6 个，且锁芯旋转部分隐藏在锁的保护壳里面；电机驱动类锁芯结构：采用电机驱动结构设计，具备开、闭状态实时检测功能
抗扭性能	≥5N·m

技术参数	技术要求
外壳防护等级	IP68
环境湿度	日平均≤98%，月平均≤90%
耐腐蚀性	≥CASS16h
开锁扭力	≥1N·m
连续开锁次数	≥10 000 次
编码模式	唯一身份 ID 编码
编码容量	≥65 536 个无源编码方式

8.4.2　应用场景分析

室外或室内智能汇控柜内设备的安全运行很重要，需要对操作汇控柜内设备的人员进行授权和管理。通过智能锁控子系统，可以配置对应锁具对汇控柜进行上锁。当需要开启汇控柜时，需要对开启锁具的钥匙进行授权管理，管控开锁人员是否具备汇控柜的操作权限，掌握操作人员信息，避免非专业人员的误操作。

8.5　智能压板在线感知技术

智能压板在线感知技术采用非侵入式检测原理（不介入原有压板电气回路），利用霍尔器件电磁效应实现对压板投、退的实时监测，再通过单总线通信技术将状态报文传递到压板状态采集器，通过后台进行状态异常告警、操作实时提示及结果核对、自动生成报表等功能。该系统提高了二次设备的智能化管理水平以及运行人员对调度指令中二次压板操作的执行正确率，从而减少因二次压板误操作引起的事故，提升变电运行继电保护的运行水平，从根本上保障了电网的安全运行和供电可靠性。

8.5.1　系统结构

压板状态在线感知装置主要包含导轨式压板状态传感器、压板状态采集器、压板控制器以及上位机应用软件组成，系统结构如图 8-1 所示。

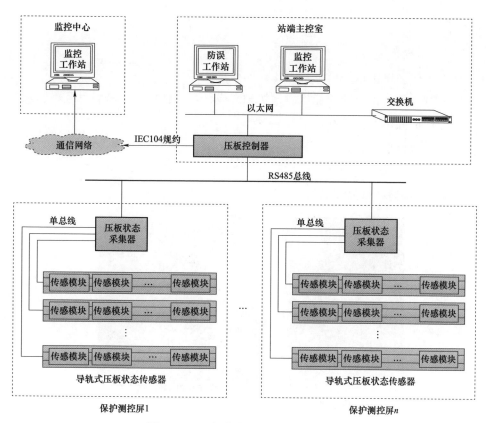

图 8-1 压板状态在线感知系统结构

8.5.2 系统组成

（1）智能压板在线感知系统。用于管理全站或多站压板的集中管理，压板投退规则的编辑及获取，操作、变位记录及历史查询，压板检修或解锁状态设置；监视压板实时状态，误操作时告警等。

（2）压板控制器。用于收集压板状态采集器数据，并上送至防误主机、智慧运维工作站或者辅控等系统。

（3）压板状态采集器。

1）每一组模块安装压板的数量可调整，总共可集成 9 个压板。

2）压板智能检测部分方便插拔，便于维护。

3）模块使用标准高度，可适应现场各种屏体压板面板更换的需要。

4）现场改造工作更趋于工程化，大幅度减少了施工、调试、维护的工作量。

（4）压板传感器。

1）采用非电量接触原理检测压板的投退状态。

2）常规功能模块和智能检测模块独立设计，无任何电气联系且互不影响。

3）压板异常变位检测。

4）压板操作提示。

5）压板地址自动识别。

常见的两种压板见图 8-2。

(a) 悬臂式压板　　　　　　　　　(b) 线簧式压板

图 8-2　常见的两种压板

8.5.3　智能压板在线感知软件功能

（1）后台系统图形化显示压板状态，可按变电站、保护室、屏柜分层级显示，与现场压板排布保持一致，实时显示压板的投、退、异常等状态信息，一目了然。

（2）对压板状态就行实时监视，防误模式下，异常变位及时报警，从压板状态传感器、压板状态采集器到上位机都将进行声光报警提示。

（3）上位机软件可根据一次设备的运行状态设定二次压板的运行方式状态模板，上位机软件实时监测压板状态，并与运行方式模板进行比对，不一致时，提示告警。

（4）可实现压板状态的远程监视，压板控制器具有远传通信接口，以 IEC104 标准规约将压板状态通过电力专网或其他通信网络上传至远方监控中心后台系统。

8.5.4　应用场景分析

　　压板位于保护测控屏上，数量多而集中，故其结构力求精巧，实现微型化。智能压板常规功能部件需要在可视断电、颜色区分、操作方面等兼容于传统压板。该背景下，需要在电气方面，杜绝智能检测、普通功能之间的关联性，保证压板功能不受智能检测部件状态影响，即使其发生损坏，也不会对前者产生负面影响。该设备的通信接口一定要标准，确保完成检测任务后，能够在第一时间把检测结果传送给上位机或者其他智能设备。

　　系统采用非电量接触原理实时监测压板的投退状态，并将状态上送给变电站辅控系统或者远动装置。在投入压板时，如果没有投到位则压板控制器报警，压板状态指示灯闪烁，提醒操作人员注意。现场调试时无须对压板的地址进行一一整定，系统可以自动识别，当由于压板故障需要更换新的压板时，也无须重新进行地址整定。压板控制器通过标准规约将设备压板状态接入变电站辅控系统或者智慧运维系统中，实现软压板和硬压板的全面监测。

智 能 巡 视 系 统

变电站智能巡视系统通过站端各类设备状态感知、环境动力、图像采集、声纹采集等在线感知终端，结合人工智能、机器视觉、物联网等前沿技术，实现了远程巡视、自动巡视和实时巡视等管理能力，可大幅提高变电站巡视能力，提高故障发现及响应能力，从而整体提高变电站运维管控效能。变电站智能巡视系统架构图见图 9-1。

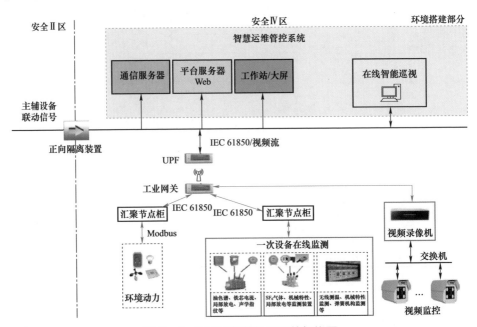

图 9-1　变电站智能巡视系统架构图

智能巡视系统的特色优势如下：

（1）采用深度融合诊断与物联网感知相结合的方法，通过多源数据交叉比对，确认现场运行环境、状态，并将结果上传。运维部门无须亲临现场，即可实现对例行巡视相关内容的巡逻、检查和确认，有效减少运检人员巡视、开箱检查、表计抄录等机械化工作，提高巡视工作实时性，实现对人工巡视的自动化替代。

（2）采用高性能的人工智能识别算法，对跨域数据进行预处理，在多种天气及缺陷环境条件下均有良好鲁棒性，并根据实际变电站场景进行深度学习。

（3）采用数字孪生和多物理场（Multiphysics）技术，将物理电网向数字化电网映射，结合实体参数和实时数据，实现不同场景下的分析诊断、评估预警与检修决策等应用功能，推动物理电网与数字电网深度融合。

（4）采用无线通信技术，采用"链式"+"簇式"混合模式，突破通信条件限制，提高传感器布置灵活性。

（5）采用自主可控软硬件技术和标准化、模块化设计，可灵活适应存量场景，兼容已有系统和设备，保障投资效益最大化。

9.1　系　统　功　能

智能巡视系统部署在变电站站端，完善站内全面感知手段，主要由巡视主机、各类设备状态感知、环境动力、图像采集、声纹采集等巡检设备组成。在线感知设备对现场设备状态和环境信息进行实时采集，系统实时智能分析，开展健康状态评估、趋势分析，由阈值判别提升为趋势追踪，大幅提高设备缺陷发现的及时率和准确率；实时诊断设备状态，自动发现异常并告警，提供辅助决策，大幅提高故障研判和预警的准确率。运行人员可根据需要灵活定制巡视需求，系统可自动或定时生成巡检报告，有效替代人工巡视，减少了主设备过度检修的管理弊端，大幅提高了设备的运行寿命。

9.1.1　综合状态感知

通过变电设备综合诊断分析及主动预警功能，利用站内在线感知设备，融合Ⅰ区电流电压数据、Ⅳ区在线巡检数据在内的多元状态量数据，采用智能算法对设备进行状态评价、故障诊断、故障预测和风险评估，对异常或故障状况进行预估、告警和定位，辅助监控员和运维人员及时掌握设备状态变化，进行缺陷分析及决策处理，加强变电站自动化与信息化融合，推动设备状态实时感知能力提升，全面推进变电站运维向远程化、数字化、智能化、集控化转型。

（1）当前健康评估。对在线感知数据进行分析，对当前数据进行阈值及增长率判断和告警。通过主设备状态特征指标的选取及健康评估体系的构建，实现主设备整体及部件的健康状态评估。

（2）状态趋势主动预警。基于设备的在线感知、带电检测、停电试验和不良工况等多维多源数据，对设备的状态趋势进行全面分析，实现对设备健康状态的主动预警。

（3）故障发生及时诊断。基于在线感知数据结果，结合当前及历史数据，进行故障类型及其严重程度的诊断分析，为主设备检修决策提供参考。

（4）故障检修辅助决策。实现变电站主设备故障检修辅助决策，包括应急决策、试验决策和检修决策，实现对主设备的故障精准判断与处置。

以变压器为例，简要论述状态感知的具体应用案例：

（1）变压器在线感知数据趋势预测预警。对主设备温度、油色谱、历史负荷等状态监测信息及其增长率进行分析，对同一设备在相似运行工况下不同时间的监测数据进行比较，从而对监测数据变化趋势进行预测及预警。变压器在线感知数据预测预警见图9-2。

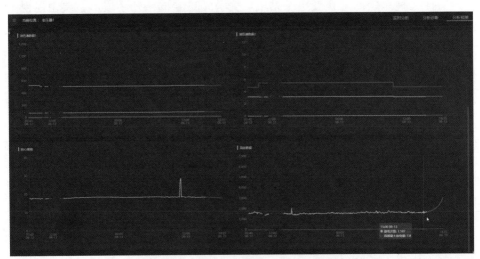

图9-2　变压器在线感知数据预测预警

（2）变压器健康状态评估及异常诊断。结合负载、本体局部放电、冷却运行等特征信息及设备量测信息、辅控数据、在线感知数据等多源数据，开展主设备多维运行状态综合分析，对设备健康状态进行快速诊断；当诊断发现异常时，可自动进行设备异常或故障分析，对异常或故障状况进行快速定位与告警。变压器健康状态评估及异常诊断见图9-3。

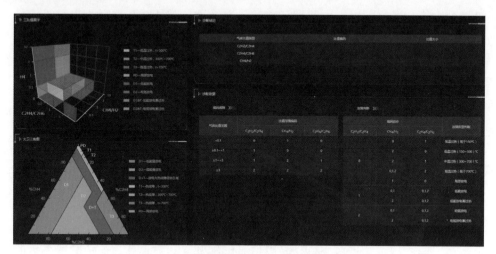

图9-3　变压器健康状态评估及异常诊断

9.1.2　状态实时监控

系统实时展示高清视频巡视画面和实时状态数据，对环境进行防盗、防火、防人为事故的监控，对变电站主设备如主变压器、GIS、电抗器等进行监视。运行维护人员通过主机或工作站对变电站设备或现场进行监视，对变电站摄像机进行控制、也可进行画面切换和数字录像机的控制。实现设备信息和关键状态7×24h的全时获取，远程查看设备运行状态、运行环境、现场人员行为和消防安防状况，具备历史数据存储和查阅功能。

9.1.3　智能巡视

智能巡视任务实现逻辑，可分为巡视点管理、巡视预案管理、任务计划管理、任务执行、过程监控、巡视结果查询、巡视报告生成及导出等环节。

巡视主机通过对设备状态、图像和运行环境数据采集，进行数据分析，生成巡视报告，并提供识别设备告警和异常点位查询等功能。

巡视主机可对感知设备进行控制，根据需求配置巡视任务，分配固定和临时巡视任务，支持人工、远程控制，实现变电站的自动化巡视任务管理。

9.1.4 智能联动

系统获取主辅设备监控系统监测数据，整合主辅设备监控信息，当巡视主机接到主设备遥控预置、主辅设备变位、主辅设备监控系统越限、告警等信号后，自动生成视频巡视任务进行巡视，并在巡视主机查看复核结果，从而实现主辅设备与巡视系统的联动功能：

（1）实现主设备 SCADA 监控系统变位信号和保护装置越限信号、动作信号、告警信号等联动巡视需求，巡视主机根据配置的联动规则，自动生成巡视任务，由高清视频摄像头对需要巡视的点位进行巡视并返回巡视结果。

（2）实现与辅控系统消防、安防、天气、门禁、灯光等状态联动功能。结合辅控系统消防告警信号、安防告警信号、环境异常信息等联动需求，根据配置的联动规则，巡视主机自动生成巡视任务，由高清视频摄像头对需要巡视的点位进行巡视并返回巡视结果。

（3）除常规主辅设备变位、越限信号可触发联动需求外，保护装置产生的告警信息，同样可根据需求，配置联动策略，对关联的主设备、二次设备进行联动巡视，复核结果。如主变压器差动保护动作，可触发主变压器本体及三侧联动巡视主变压器保护装置、合并单元以及一次设备相关巡视点位。

详细联动策略可参考附录 B。

9.1.5 数据分析

在线智能巡视具备数据分析功能，异常及缺陷数据支持智能告警和阈值告警，并支撑设备诊断与主动预警模块综合预警。巡检数据记录支持按照任务或巡检点位筛选查询，并分析统计巡检结果。根据巡检结果可生成报表，如诊断出异常，则支持缺陷图片调阅功能，方便运维人员查看及处理，并由运维人员人工审核巡检结果。

9.1.6 一键顺控

倒闸操作是变电站运行人员的重要工作。设备停电维护、新设备投产等都需要倒闸操作，操作任务的几何级数增长与运行人员数量不足的矛盾日益增加，而顺控操作能有效解决这一矛盾。顺控操作是指支持远方操作的一、二次设备，根据利用变电站自动化系统中的程序化控制，根据变电站操作票的执行顺序，结合执行结果的校核，实现对电气设备智能化操作。顺序化控制指令执行后，仍需运行人员需要到现场核对设备状态，确认无误后才继续操作，人工的参与使得顺控操作的优势不能充分发挥，无法做到一键顺控。

变电站智能巡视系统具有图像识别功能，能联动视频监控获取相应设备的操作视频，智能识别开关设备的位置状态，并将判断结果反馈给自动化系统，顺控操作不需要人工参与，真正做到一键顺控，运行人员无须直接接触高压设备，从根本上避免了人身伤害事故。在后台远程操作，无须派人到站端现场，不受路程和交通条件的制约，极大地提高效率，大大降低倒闸操作的时间，特别是涉及主变压器、母线的大型操作，降低少送电、延迟送电的概率，提高用电满意度。

9.1.7　静默监视

除了正常的任务巡检，智能巡视系统还可支持在线智能巡检模块支持静默监视任务功能。设置变电站内重点设备及主要人员出入口，在非巡检任务执行期间，系统可自行设置（1s～1h）每次的频率，对上述设备的运行状态及出入口人员行为进行监视。

9.1.8　图像识别分析处理

利用巡视主机的图像运算处理能力，搭配深度学习算法，对采集到的变电站内图像和视频信息进行智能图像识别和分析处理，能够识别变电设备常见缺陷。

（1）设备状态识别：实现了自动识别二次压板、SF_6压力、断路器及刀闸位置、机柜指示灯状态、充油设备渗漏油、表计读数等设备状态信息的功能。

（2）设备缺陷故障：实现典型缺陷识别全站全覆盖，缺陷识别包括表盘模糊、表盘破损、外壳破损、绝缘子裂纹、绝缘子破裂、部件表面油污、地面油污、金属锈蚀、硅胶桶破损、箱门闭合异常、挂空悬浮物、鸟巢、门窗墙地面损坏、盖板损坏、构架爬梯未上锁、表面污秽、压板分合状态异常、表计读数异常、呼吸器油封油位异常、硅胶变色、人员越线闯入、未戴安全帽、未穿工装、站内吸烟等。

9.1.9　实物 ID 数据共享

整合智能巡视系统、实物 ID 和 PMS 系统之间的信息，实现数据的全流程贯通，以自动化推动智能化，减少人工干预。实现智能巡检设备按照指定路线进行巡检时，当智能巡检设备行进到指定位置时，能够读取到设备的实物 ID 信息；在巡检过程中，将实物 ID 与巡检结果（包括状态、照片、红外测温图谱和仪表读数等）相关联，生成带实物 ID 标识的巡检结果；巡检完成之后，智能巡检设备将巡检结果传输到巡视主机，完成缺陷识别，按照与 PMS 系统约定的接口规范生成结构化数据包和非结构化数据包；使用智能巡视系统按照现场要求通过实物 ID 进行实物资产盘点，并生成实物资产清单。

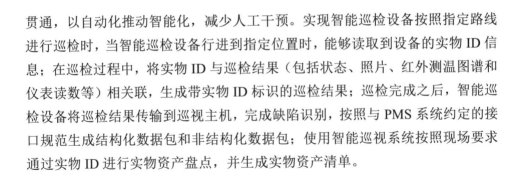

9.2 运 检 模 式

9.2.1 传统巡视模式

为了掌握变电站内设备的运行情况，及时发现和消除设备缺陷，预防事故的发生，保证电网的安全运行，应该对变电站进行巡视检查。传统巡视模式主要由人工完成。运行人员必须严格遵守变电站巡视规程的要求，认真负责做好站内设备的巡视检查工作。对于站内设备的异常和缺陷，要及时上报，杜绝缺陷的发展和扩大，预防事故的发生。以 500kV 变电站为例，对传统巡视模式做简要介绍。

（1）例行巡视。例行巡视是变电站的常规性检查，涉及站内设备及设施外观、表记指示、异常声响、设备渗漏、各类监控系统、二次装置及辅助设施、消防安防系统、变电站运行环境、缺陷和隐患跟踪等方面，是变电站的基本工作。500kV 变电站根据设备类型和在电网中所处位置规定合理的例行巡视周期，一般一次设备为断路器、隔离开关敞开式布置的变电站，例行巡视的周期应该为每天一次；对于一次设备为 GIS、HGIS 组合电器的变电站，例行巡视的周期应该不大于 3 天 1 次。

（2）全面巡视。全面巡视包含所有的例行巡视项目，并且增加了对变电站设备开启箱门检查，对所记录的设备运行数据进行更新，检查设备积污程度，检查防误闭锁装置、防火和防小动物设施等有无缝隙，检查接地网及接地引下线是否有破损，断裂等方面的进行详细巡视。500kV 变电站全面巡视周期应为每 15 天一次。

（3）熄灯巡视。熄灯巡视是指夜间熄灯（无照明）开展的巡视，利用电晕

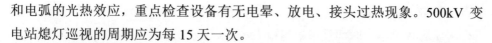

和电弧的光热效应，重点检查设备有无电晕、放电、接头过热现象。500kV 变电站熄灯巡视的周期应为每 15 天一次。

（4）特殊巡视。遇到以下情况，进行变电站的特殊巡视：

1）恶劣天气之后，如高温、雷雨、大雾、暴雪、大风、冰雹或寒流等。严寒时应重点检查油位是否过低，驱潮装置是否正常，有无积雪冰凌；高温时应重点检查油温油位，接头温度；大风时应重点检查导线舞动和漂浮悬挂物。

2）新设备投运之后，应每小时巡视一次，4 次巡视无异常以后可以转为正常巡视，重点检查设备异响，触头发热和渗漏油。

3）运行方式改变后，或者经过大修、改造或长期停运后再投运的设备，要进行特殊巡视。

4）严重缺陷的设备由于条件限制，不能检修，仍坚持运行的。

5）异常情况下，主要指高峰大负荷或负荷激增、过温、发热、系统冲击或者故障跳闸等；重点检查导线是否完好无破损，设备的油位、气体的压力是否正常，绝缘子是否有破损闪络。

6）法定节假日、上级通知有保电任务时，对重点保电线路进行特殊巡视。

（5）红外成像专项巡视。500kV 变电站红外热成像巡视周期为每 15 天 1 次。每年 7～9 月迎峰度夏期间，巡视周期应缩短为每周一次。

9.2.2　智能巡检模式

智能巡视模式是一种全新的模式，是综合利用各类在线感知设备，开展的在线、实时、智能巡视模式。自动调用感知设备数据，监测变电站实时状况，在巡检过程中把采集回来的变量和状态显示到相应的区域画面上。

智慧变电站按照"因地制宜，全面覆盖"的原则，综合多种技术手段，实现设备巡视全覆盖。针对变压器，巡视覆盖油色谱、局部放电、铁芯夹件电流、套管绝缘、绕组温度、油温油位、接线端子等。对于 GIS 设备，巡视覆盖 SF_6 压力密度微水、局部放电、套管、避雷器、机械特性、伸缩节、接线端子等。在主控室，巡视覆盖屏面指示灯状态，屏面压板、空开把手等二次元件状态。在配电装置区域、蓄电池室、电容器室、主变压器雨喷淋室、消防水泵室等辅助设备室，巡视覆盖消防安防、环境动力、作业管控、异物入侵等。

巡视完成后自动生成巡检报告，展示巡检任务的各项指标和数据。如果特

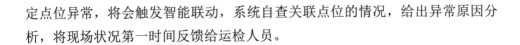

定点位异常，将会触发智能联动，系统自查关联点位的情况，给出异常原因分析，将现场状况第一时间反馈给运检人员。

9.3 数据留存及发掘

9.3.1 数据回溯

智能巡视系统提供所有巡视任务中采集数据、告警数据、分析结果等过程数据的留存。可在变电站发生隐患、故障时自动发出告警，并为管理人员提供隐患、故障的实时及历史数据查阅，使得电站内所有设备状态、异常、故障等信息可以通过系统进行完整追溯，满足事故调查、设备历史状态查询等基础回溯能力，并为数据分析提供基础。

9.3.2 数据存储

智能巡视系统对各类设备感知、环境动力数据，可提供数据长时存储，并提供响应备份策略，保障数据永久保存；对于视频类数据，可根据需要，灵活提供一定范围内的完整智能监测视频数据；对各类告警数据、分析结果数据，可提供永久数据存储，并以图谱形式展现，为事故追溯、数据分析等高级功能提供基础支撑。

9.3.3 数据分析

基于智能巡视系统的各类数据存储能力，及其他系统的数据采集能力，智能巡视系统可采集站端设备运行的海量数据。在此海量数据的基础上，可为管理人员提供标准数据模型分析结果，并可为行业专家提供标准数据获取接口，以便于行业专家能更便捷的利用相关数据完成专业分析能力。

9.4 图像识别算法

在智能巡视系统中，很重要的一个功能模块就是对变电设备缺陷进行图像识别。表 9-1 列举了部件破损、呼吸器缺陷、异物、渗漏油缺陷、金属锈蚀缺陷等 5 大类、10 小类设备缺陷。

表 9-1 缺 陷 类 型

序号	大类	小类	缺陷描述
1	部件破损	表计破损	表盘模糊
2			表计破损
3		绝缘子破损	绝缘子破裂
4	呼吸器缺陷	硅胶变色	硅胶变色
5		油封破损	油封破损
6	异物	挂空悬浮物	挂空悬浮物
7		鸟窝	鸟窝
8	渗漏油	渗漏油	部件表面油污
9			地面油污
10	金属锈蚀	金属锈蚀	金属锈蚀

9.4.1 评价方式

（1）单场景评价。针对每一个巡检影像小类，通过漏检率、误检率、AP 值三项指标衡量人工智能算法综合应用效果（其中 AP 为单类巡检影像识别准确度），综合评价方法根据漏检率、误检率、AP 值进行权重计算衡量，采用的计算公式如下

单一场景评价值=AP值×50%+(1−漏检率)×30%＋(1−误检率)×20%

（9−1）

（2）算法综合评价。对于适用于多个巡检场景分类的算法模型，其算法综合评价结果为各类适用场景评价结果的算术平均值，采用的计算公式如下

$$算法综合评价值=\frac{\sum_{i=1}^{n}P_i}{n}$$ （9−2）

式中：P_i 为每一个所适用的巡检影像小类评价值；n 为适用场景数量。

（3）总体评价。根据全部 10 个巡检影像小类的评价结果，对参与单位的总体验证结果进行评价，采用的公式如下

$$总体评价值=\frac{\sum_{i=1}^{n}P_i}{n}$$ （9−3）

式中：P_i 为巡检影像小类评价值；$n=9$ 为全部场景数量。

9.4.2 实施细则

（1）漏检率。针对某一具体类别按框计算，计算公式如下

$$漏检率 = \frac{T - M_1}{T} \times 100\% \qquad (9-4)$$

式中：T 为验证图片中标注为目标类设备总个数；M_1 为厂家实际检测出来且正确的目标类设备总个数。

（2）误检率。针对某一具体类别按框计算，计算公式如下

$$误检率 = \frac{M_2 - M_1}{M_2} \times 100\% \qquad (9-5)$$

式中：M_2 为厂家实际检测出来的目标类设备总个数（含正确和错误）。

（3）AP 值。AP 值为准确率 – 召回率曲线面积，按 VOC 标准计算。部件破损、呼吸器缺陷、渗漏油缺陷、异物和金属锈蚀 5 类巡检影像在 $0.5IoU$ 条件下计算 AP 值。其中 IoU 为识别框与标注框的重合度指标，按如下公式计算

$$IoU = \frac{识别框 \cap 标注框}{识别框 \cup 标注框} \qquad (9-6)$$

9.4.3 缺陷样本样例及评价情况说明

（1）表盘模糊。表盘模糊类缺陷形态主要包括表盘脏污、进水、起雾、油漆脱落等，表盘模糊缺陷由于缺陷形态多样，受限于各形态样本数量，模型算法对不同形态缺陷拟合度有限，AP 值不高。表盘模糊样本如图 9-4 所示。

（2）表计破损。表计破损类的缺陷形态主要包括表盘玻璃破碎、裂纹、外壳凹陷、起皮、破损等。表计破损样本如图 9-5 所示。

（3）绝缘子破裂。绝缘子破裂类缺陷形态主要包括绝缘子爆裂、瓷套裂纹、伞裙破损、绝缘子断裂等。绝缘子破裂缺陷的总体检测结果不理想，其原因主要有：① 绝缘子类型繁杂，包括瓷绝缘子、硅橡胶绝缘子、绝缘瓷套、伞裙等，不同形态缺陷样本不均衡，模型算法的检测准确率较低；② 验证样本均来自实际生产，图像分辨率和成像质量各样，不同视角和清晰度的图像样本对模型算法的准确度造成影响；③ 验证的测试样本集为混合样本，贴近实际检测需求，正常的绝缘子图像较多，对缺陷目标检测造成干扰，降低了检测结果的误检率

图 9-4　表盘模糊样本

图 9-5　表计破损样本

和漏检率；④ 缺陷绝缘子标注方法不统一，不同的缺陷绝缘子标注方式对不同模型算法的适用性不同，检测效果有所差别。绝缘子破裂样本如图 9-6 所示。

（4）呼吸器硅胶变色。呼吸器硅胶类型为蓝色变色硅胶，缺陷形态主要包括硅胶整体变色和局部变色，即硅胶存在非蓝色区域。由于硅胶变色的形态较

图9-6 绝缘子破裂样本

为简单和明显，呼吸器硅胶变色缺陷的总体检测结果较好，具有试点应用的可行性。呼吸器硅胶变色样本如图9-7所示。

图9-7 呼吸器硅胶变色样本

（5）呼吸器油封破损。呼吸器油封破损类缺陷形态主要包括油封裂纹、油封破碎、油封缺失等。呼吸器油封破损缺陷的总体检测结果中等，由于缺陷样本数量较少，影响了模型算法检测效果，同时也增加了检测结果的随机性，误检率较高，但是漏检率在可接受范围内。呼吸器油封破损样本如图 9-8 所示。

图 9-8 呼吸器油封破损样本

（6）挂空悬浮物。挂空悬浮物类缺陷形态主要包括塑料袋、编织网、气球、风筝等外物缠绕设备导体和外绝缘上。挂空悬浮物缺陷的总体检测结果不理想，主要原因有：① 挂空悬浮物的缺陷形态多样，如风筝、气球、编织物等，且异物无固定形态，增加了算法模型的设计难度，需要增加训练样本数量，而验证的样本数量难以满足模型算法较好的准确率；② 验证的测试样本集为混合样本，变电设备的部件形态多样，部分设备部件形态与异物相近，如引下线、连臂传动杆等，对模型算法的异物缺陷检测造成了干扰；③ 异物缺陷的标注方法不统一，由于异物缺陷的形态不同，且多含有较长的漂浮带，在使用最小正接矩形框标注时，需要舍弃部分过长的带状漂浮体，以减少标注框中的无关特征，但是对于标注区域的选择难以准确划分，也无成熟的标准支撑，需要在模型算法训练过程中，根据检测效果适时调整，在现场实际检测时，需要针对检测图像样本和特点进一步完善标注方法，提高检测的准确性。挂空悬浮物样本如图 9-9 所示。

（7）鸟巢。鸟巢类缺陷形态主要包括门型架或设备支柱上存在鸟巢、蜂巢等。挂空悬浮物缺陷的总体检测结果中等，由于鸟巢主要由树枝等构成，与挂空悬浮物中的棒状异物容易造成混淆，影响了模型算法的检测结果。鸟巢样本如图 9-10 所示。

图 9-9 挂空悬浮物样本

图 9-10 鸟巢样本

（8）部件表面油污。部件表面油污类，缺陷形态主要包括阀口漏油、设备外壳油渍等。部件表面油污的总体检测结果不理想，主要原因有：① 部件表面油污的缺陷形态多样，漏油位置可存在于阀门、注油口、手孔窗、套管等多个位置，且油污区域无固定形态，增加了模型算法的设计难度；② 验证的测试样本集为混合样本，样本中的阴影、水迹等图像特征与渗漏油形态相似，对渗漏油缺陷的检测造成干扰；③ 部件表面油污缺陷的标注方法不统一，由于渗漏油缺陷的形态不同，在使用最小正接矩形框标注时，需要针对不同的漏油形态进行标注框分割，以减少标注框中的无关特征，但是对于标注分割尚无成熟的标注要求，需要根据渗漏油的图像特点进一步研究并建立缺陷样本的标注规范，提高标注质量，不断提升渗漏油缺陷检测的准确率。部件表面油污样本如图 9-11 所示。

图 9-11　部件表面油污样本

9.5　图像采集设备布置

1. 一般要求

（1）巡视点位设置应满足室内外一次、二次及辅助设备设施巡视全覆盖要求，包括设备外观、表计、状态指示、变压器（电抗器）声音、二次屏柜、设备及接头测温等。

（2）巡视点位设置应因地制宜，综合考虑设备类型、巡视类型、现场设备和道路布置方式等因素确定。

（3）设备类型应包括变压器（电抗器）、断路器、组合电器、隔离开关、开关柜、电流互感器、电压互感器、避雷器、并联电容器、干式电抗器、串联补偿装置、母线及绝缘子、穿墙套管、电力电缆、消弧线圈、高频阻波器、耦合电容器、高压熔断器、中性点隔直装置、接地装置、端子箱及检修电源、站用变压器、站用交流电源、站用直流电源、构支架、辅助设施、土建设施、避雷针、二次屏柜、消防系统30类。

（4）巡视类型应包括例行巡视、熄灯巡视、特殊巡视、专项巡视、自定义巡视5类，其中，恶劣天气特巡包括大风、雷暴、雾霾（含毛毛雨、大雾等）、雨后、下雪、气温骤变（含低温天气）、高温、冰雹、覆冰、沙尘暴10类；专项巡视包括设备红外测温、油位油温表抄录、避雷器表计抄录、SF_6压力表抄录、液压表抄录、位置状态识别抄录6类。

（5）巡视点位数据格式包括数值结果、可见光图片、红外图谱、音频4类。

2. 配置原则

考虑变电站运行环境和建设情况，采用巡检视频摄像头的配置方案，实现变电站全站室内外一二次设备全巡检覆盖，主要配置原则如下：

（1）实际点位布置以监视范围、全覆盖为准，并充分考虑摄像头复用。

（2）部署一键顺控视频确认的变电站，为满足实时性要求应采用摄像头采集刀闸、开关分合画面，确保第一时间输出结果。

（3）对于保护室等屏柜布置密的场所，采用摄像头无法满足，故采用室内轨道式机器人进行室内设备的巡检。

（4）对于户外一次设备，采用固定摄像头实现对户外设备的巡检。

（5）摄像头类型选择：① 俯视场景选择球形摄像头；② 需要仰视监视高处装置的场景选择云台摄像头；③ 特殊点位单个装置的场景，选择固定摄像头；④ 设备外观识别点位的场景需在相应主设备底部加装摄像头，实现设备裂纹、破损、渗漏油等缺陷及故障状态的识别。具体示例如下：

1）室内区域。安装移动式巡检终端，对室内的环境情况、高压设备、二次盘柜、表计、压板、指示灯等进行实时监视、自动巡视、自动分析汇总等。室内同时安装视频摄像机，协助实现对室内设备前后侧、左右侧、屏柜间的环境、人员行为等进行监控。室内移动式巡检终端图见图9-12。

图9-12　室内移动式巡检终端图

2）变压器区域。主变压器配置可见光摄像机，包括主变压器顶部、四面（含底部）等；配置红外热成像摄像机，预置点位应包括主变压器各侧套管及主变顶部等。重点监测主变压器套管、接头、油温表、油位计、呼吸器硅胶、瓦斯继电器、有载调压档位及动作次数、避雷器动作次数、避雷器泄漏电流等。摄像头应具备主变压器渗漏油、异常声响及烟火识别等功能。

3）GIS设备区域。设备配置可见光摄像机，监测SF_6压力密度微水表计、避雷器、伸缩节、接线端子等。

4）接地变压器、电容器、蓄电池等设备区域。每个设备区域应配置适量可见光摄像机和一台红外热成像摄像机，预置点位应包括屋顶、设备本体外观等。重点监测设备本体及各接头温度、表计示数、刀闸位置等信息。

5）电缆通道。电缆通道各分区对角安装可见光摄像头，预置点位应包括电缆层电缆本体、电缆通道出口等。实现电缆外观全覆盖，电缆密集区域采用具有烟火识别功能的摄像头。

6）变电站门口及围墙区域。在大门口配备及围墙转角各配置高清摄像机，负责变电站周界安全监控。

10 智能联动

智能联动功能是系统最重要的应用之一，它在站内整个运维体系中起到十分重要的作用。智能联动涉及一次设备状态、二次设备状态、动环设备、安全防卫设备、火灾消防设备、巡视设备等，主要完成各个子系统之间的信息传输及设备控制。

10.1 主 辅 联 动

主辅联动一般为Ⅰ区主设备与Ⅱ、Ⅳ区辅助设备之间的联动；通常主辅联动一般包含如下情况：断路器变位、母差动作、弹簧未储能告警等。

10.1.1 断路器变位

断路器变位主要包括线路断路器变位、保护测控装置告警、电容器断路器变位、接地变压器断路器变位等。

（1）线路断路器变位配置相关联动策略如下：

1）联动摄像头进行拍照、一次设备特巡，检查设备是否有异物。

2）联动后台获取保护报文、录波报告。

3）避雷器泄漏电流在线感知。

4）联动相应位置灯光打开（时间段闭锁）。

5）联动室内摄像头进行信号灯检查。

（2）保护测控装置告警配置相关联动策略如下：

1）联动摄像头进行拍照、进行信号灯检查。

2）联动后台获取保护报文。

（3）电容器断路器变位配置相关联动策略如下：

1）联动高压室摄像头进行拍照、进行信号灯检查。

2）联动电容器设备区摄像头进行拍照、一次设备特巡，检查设备是否有异物。

3）联动后台获取保护报文。

（4）接地变压器断路器变位配置相关联动策略如下：

1）联动高压室摄像头进行拍照、进行信号灯检查。

2）联动站用变压器设备区摄像头进行拍照、一次设备特巡，检查设备是否有异物。

3）联动后台获取保护报文。

4）联动主控室摄像头进行拍照，站内交直流系统特巡。

10.1.2 母差动作

母差动作主要包括母联间隔事故总信号报警，配置相关联动策略如下：

（1）联动摄像头进行拍照，进行一次设备特巡。

（2）联动后台获取保护报文、录波报告。

（3）联动室内摄像头进行信号灯检查。

（4）避雷器泄漏电流在线感知（前后时间段的数据对比）。

（5）联动灯光打开（时间段闭锁）。

（6）联动摄像头进行中性点处于合位的主变压器中性点隔离开关进行拍照。

10.1.3 弹簧未储能告警

弹簧未储能告警主要包括断路器弹簧储能未告警，配置相关联动策略如下：

（1）联动摄像头进行拍照、一次设备特巡，储能指示灯。

（2）联动室内摄像头进行信号灯检查。

10.1.4 变压器轻瓦斯动作

变压器轻瓦斯动作联动查看本体情况，配置相关联动策略如下：

（1）获取后台轻瓦斯动作信号。

（2）联动油色谱在线，查看油中气体数据。

（3）联动调用摄像头查看轻瓦斯集气盒浮子状态。

（4）联动摄像头识别油温油位状态及近期数据。

10.2 辅 辅 联 动

辅辅联动一般为Ⅱ、Ⅳ区辅助设备联动或Ⅱ区辅设备之间联动。为便于分类，以子系统设备数据信号划分联动功能。

10.2.1 一次设备状态感知联动

10.2.1.1 开关柜在线感知联动

开关柜信号主要包括超声波传感器通信状态异常、超声波局部放电告警、温度传感器通信状态异常、温度告警、暂态地电压传感器通信异常、暂态地电压局部放电告警等遥信值及超声信号峰值、超声信号频率分量 1 相关性、超声信号频率分量 2 相关性、温度值、暂态地电压幅值等遥测值越限告警。

开关柜的机械性能和电气性能主要由真空断路器、母线和出线电缆的性能决定。配置相关联动策略如下：

开关柜最常出现的故障为局部放电和过热。结合开关柜特高频局部放电监测、无源无线测温、非介入式测温、断路器机械特性监测等多源数据，开展开关柜多维运行状态综合分析，对设备健康状态进行快速诊断。

（1）联动摄像头预置位展示相关设备现场图像。

（2）联动测温传感数据，查询近期温度变化数据。

（3）联动局部放电数据，查看放电数据图谱，确认有无放电情况及初步判断放电类型。

（4）联动短路器机械特性相关数据。

10.2.1.2 避雷器感知数据异常联动

避雷器在线感知联动信号主要包括监测点通信异常、全电流告警、阻性电流告警等遥信值及全电流值、阻性电流值等遥测值的越限告警。配置相关联动策略如下：

（1）在联合巡检平台上展示联动视频摄像机预置位进行避雷器泄漏电流读数及图像展示。

（2）查询近期避雷器动作记录。

（3）联动查看近期全电流、阻性电流数据。

（4）联动查看近期避雷器在线感知告警报文。

10.2.1.3 一次设备测温越限联动

一次设备测温越限主要指敞开设备电缆接头、设备本体温度越限。配置相关联动策略如下：

（1）联动环境温度采集设备，确认气象温度条件。

（2）后台查询设备运行负荷情况。

（3）联动摄像头识别判断设备温度指示表计（油温表），联动查看油浸式设备油位指示或关联绝缘介质压力指示。

（4）联动红外测温设备进行设备各测温点温度持续监测并展示近期温度曲线。

10.2.1.4 火灾消防子系统联动

火灾消防子系统主要包括烟感报警、消防装置告警、电缆沟测温报警等遥信值。配置相关联动策略如下：

（1）烟感报警时联动风机、可视门禁、摄像头并展示图像。

（2）消防装置报警时联动可见光摄像头显示故障区域。

（3）电缆沟测温报警时联动可见光摄像头展示一次设备盖板显示区域。

（4）火灾消防子系统设备报警时，联动所有门禁设备全部开启。

10.2.1.5 安全防卫子系统联动

安全防卫子系统主要包括电子围栏入侵报警、电子围栏防拆报警、防盗报警主机防区告警等遥信值。配置相关联动策略如下：

（1）发生入侵告警时联动对应房间的灯光及对应房间的摄像头。

（2）发生防拆告警时联动站内周界灯光、对应室内灯光并联动周界摄像头及对应房间的摄像头。

（3）发生防区告警时联动相应区域声光报警及摄像头（发出警报、摄像头画面展示）并联动场地的灯光打开。

10.2.1.6 动环子系统联动

动环子系统主要包括水浸告警、终端箱环境异常告警、开状态、关状态等遥信状态及温湿度值、水位值、风速值、雨量值、SF_6 浓度等遥测量越限告警。配置相关联动策略如下：

（1）水位值越限报警时，根据设定值自动启动潜水泵排水。

（2）温度越限报警时，启动对应位置排风扇及空调或显示户外对应电缆沟区块（特指线缆温度越限）。

（3）风速越限时，联动室外摄像头异物检查界面展示进行异物检查。

（4）终端箱环境异常告警时，判断终端箱温度、湿度是否在合理范围内，联动箱内空调，调节温湿度数值。

（5）雨量越限时，提醒运维人员进行特巡并启动室内机器人进行渗漏水检查。

（6）室内湿度越限时，启动对应位置排风扇及空调，调节室内湿度值。

（7）室内 SF_6 浓度越限时，启动对应 GIS 室风机排风扇，进行 SF_6 浓度控制。

10.2.2 故障处置智能辅助决策

根据设备状态感知数据、二次保护数据、运行环境数据等，建立变压器部件设备数据模型，用于故障出现后依据设备数据模型综合判断故障原因，提供智能辅助决策。

10.2.2.1 变压器类故障分析决策

1. 判断内部过热

变压器内部过热是变压器运行中的多发性故障，由于变压器的结构复杂性，变压器内部过热存在部位和表现形式都存在多样性的特点。

利用变压器油色谱监测数据为主，配合本体油温、铁芯夹件接地电流监测数据及红外测温来诊断过热，变压器油中蕴含大量的短链烃，这些烃类物质会在温度过高的情况下出现挥发，而变压器油色谱监测就是利用这一特定性质，通过对释放气体的色谱分析来确定变压器内部过热的部位和种类。在变压器局部过热的时候，可以通过对甲烷、乙烷和乙烯的气体测量来确定过热现象的存在，同时通过本体油温以及红外测温也可以判断出过热应处于变压器油路相关的部位。当变压器绝缘物质出现过热现象时，固体中细微颗粒将会进入到变压器油中，形成一氧化碳和二氧化碳数量上的急剧增加，通过气相色谱分析技术以及红外测温数据，以三比值法和图像法的深层次应用，就可以判断出变压器内部绝缘体过热的部位。

2. 判断绝缘问题

电力变压器在正常运行时，绕组周围存在电场，而铁芯和夹件等金属构件处于电场中，若铁芯未可靠接地，则会产生放电现象，损坏绝缘。在运行中，可以通过监测铁芯电流数值进行判断。该电流一般不大于 100mA，如果电流达到 100mA 以上则可判断铁芯存在多点接地故障。

此外，油色谱在线感知数据可与铁芯接地数据综合使用，以判定铁芯是否多点接地。出现铁芯接地故障的变压器，其油色谱分析数据中，总烃含量超过《变压器油中溶解气体和判断导则》（DL/T 722—2014）规定的注意值，其中 C_2H_4、CH_4 含量低或没有。若 C_2H_2 也超过注意值，则可能是动态接地故障。

3. 判断漏油、地面油污检测

通过布置高清摄像头，对地面油污和油位计进行识别检测，其中地面油污检测算法基于区域检测模型确定待检测图片的目标特征区域，并裁剪出目标特征区域；待检测图片为拍摄的变电器附近地面的图片；对裁剪出的目标特征区域进行 HSV 空间转换，得到转换后的 HSV 色彩图；基于明度特征检测模型检测 HSV 色彩图的明度特征，以检测变电器是否存在地面油污。

4. 轻瓦斯动作

轻瓦斯动作后，通过浮球状态、油位、油中气体含量判断是否误报。

当主变压器轻瓦斯保护动作发信后，通过油中气体含量、监控系统数据分析负荷曲线、声纹图像识别等手段，逐步排除动作的可能原因。

首先通过图像识别查看核对油位计读数以及变压器本体及强油系统有无漏油现象，接着查看监测系统的电流、电压以及功率数据是否在正常运行允许范围，气体继电器内气体压力值是否发生变化，最后根据油色谱监测的结果是否正常，来综合进行判断油色谱判断变压器内部是否已有故障，考虑停电进行检修。

5. 主变压器过负荷告警

主变压器过负荷告警后，通过综合分析噪声、监控系统数据、油温、图像综合判断问题。

当后台报出主变压器过负荷告警后，通过红外测温、监控系统数据分析负荷曲线、声纹图像识别等手段，逐步排除主变压器发热的可能原因。

首先通过图像识别查看核对温度表计读数以及变压器冷却装置运行情况，排查由于冷却风扇自启动回路故障而导致的告警，结合监测系统的电流、电压以及功率数据，若发现油温较同一负荷和冷却条件下高出 10℃ 以上，或变压器负荷不变，油温不断上升，而冷却装置正常、温度计正常，则认为变压器内部发生故障，应要求调度立即将变压器停下处理。此外可以结合声纹识别技术进行辅助判断，过负荷时变压器的声音较平时增大，发出很高而且沉重的"嗡嗡"声。在满负荷情况下突然投入大功率设备时尤为明显。

6. 呼吸器硅胶变色

一般情况下，变压器中呼吸器硅胶的变色是非常缓慢的，但当运行环境异常、安装工艺及产品质量出现问题时，硅胶吸潮变色加快，甚至变色过程出现异常等现象。一般硅胶变红色是由于水汽进入，但是，呼吸器内硅胶的最上部和下部也有可能变黑色。硅胶变黑是进了变压器油造成的，底部是因为呼吸时下部油杯油过多吸入。上部的有可能是储油柜内波纹管有问题，造成有油气在里面，这样就能使硅胶罐上部硅胶变黑，如果到了夏季，呼吸加剧，呼出的油气量还要多些。当变色硅胶由蓝色变成淡红色时，表明吸附剂已经受潮，必须更换和干燥。通过高清摄像头对呼吸器进行图像识别，给出更换建议。

10.2.2.2 断路器类故障分析决策

1. 断路器拒合

拒绝合闸往往是断路器在合闸或重合闸时发生的故障，其原因为电气故障或机械故障。对于线路故障而言，应查看局部放电监测数据，检查内部线路是否出现漏电，或根据传感器数据判断是否由潮湿引发的断路器无法闭合，同时查看二次回路运行情况和断路器机械特性传感器数据，确认近期分合闸数据是否存在异常，根据在线智能巡视系统近期提供的断路器油压、气压巡检数据综合判断问题原因。

2. 断路器拒跳

断路器拒绝跳闸，发生故障时会出现越级跳闸，造成的影响面大。断路器发生拒跳的原因通常有 2 个，即操作机构机械部分故障、操作回路电气故障。当断路器发生拒跳时，在线巡视系统应联动摄像头查看并记录灯光指示状态，判断跳闸回路是否完好，如果红灯不亮，则说明跳闸回路不通。如果操作电源良好、跳闸铁芯动作无力，则说明跳闸线圈动作电压过高或操作电压过低，跳闸铁芯卡涩、脱离或跳闸线圈本身故障等。出现故障时要判断属于机械类故障，还是属于电气类故障，整个判断过程如下：① 根据断路器机械特性近期数据结合保护信号，判断是不是因电源电压造成的故障还是由于物理机械结构出现的问题；② 根据断路器的类型确定查看数据内容，如遇到油断路器或真空断路器时，要考虑油压、气压是否正常，调用摄像头识别判断相关油压、气压指数是否在正常范围内，提供综合决策。

3. 断路器误合闸

如果断路器未经操作自动合闸，则属误合闸故障，可通过以下 2 种方法判断：① 没有经过合闸操作，摄像头查看手柄位于"分位置"，但图像识别红灯依然闪亮，则表明断路器已经合闸，这便属于"误合"，必须第一时间拉开误合的断路器；② 对于误合闸的断路器，如果拉开后依然再次误合，则需要拉开合闸电源，利用断路器机械特性及关联传感数据查找机械方面、电气方面的具体原因，并联系调度和相关部门，同意停用断路器后第一时间报修。断路器发生误合闸的原因具体包含直流两点接地导致合闸控制回路短路；如果合闸接触器的线圈电阻过小、动作电压较低，则在直流系统发生瞬间脉冲的情况下会引发断路器误合闸现象；弹簧操动机构的储能弹簧锁扣不可靠，在发生震动的情况下（断路器跳闸）锁扣将会自动解除，导致断路器自行合闸。

4. 断路器绝缘介质异常

调用近期温度监测设备数据，查看设备是否存在过热情况；通过图像采集装置识别判断近期油压、气压表是否有异常波动数据，结合设备外观图像查看是否存在漏油可能；根据气体监测传感器确认 SF_6 类设备是否存在 SF_6 气体泄漏情况；综合判别介质异常情况。

10.2.2.3 电流互感器类故障分析决策

1. 电流互感器温度异常

电流互感器发生过热、冒烟、流胶等现象时，应调用红外测温设备对设备进行全面温度监测，并查看智能巡视系统近期测温数据，与环境温度传感器比较，确认温差值。查看后台设备负荷情况，若负荷与温度有较大差异，应及时检查电流互感器二次是否开路。根据具体升温位置及状态感知数据确认是否是负荷过高、二次开路、接触不良、内部放电等具体情况，并及时消缺。

2. 电流互感器内部放电

当智能巡视系统局部放电监测设备发现内部存在放电信号时，应查看系统对应时段放电图谱，根据图谱分析给出放电类型。进一步检查后台设备运行情况，并调用红外测温设备对设备进行检测，确认是否有升温情况。根据智能巡视系统巡检图片，查看是否存在设备表面有锈蚀、污损、漏油等情况。对油浸式设备进行油色谱取样分析，确认绝缘油内部成分情况。并利用智能巡视系统进行跟踪巡视，监控缺陷升级情况，及时进行消缺处理。

3. 电流互感器异响

正常运行中的电流互感器由于铁芯的振动，会发出较大的"嗡嗡"声。若所接电流表的指示超过了电流互感器的额定允许值，电流互感器就会严重过负荷，同时伴有过大的噪声，甚至会出现冒烟、流胶等现象。如智能巡视系统声音传感设备发出异常告警，应及时查看后台负荷情况，确认电流互感器是否长期过负荷，应考虑分散负荷或换用电流互感。并确认是否电晕放电或铁芯穿心螺钉松动导致。如经过局部放电检测确认是电晕放电，可能是瓷套管损坏或表面有较多的污物和灰尘。应查看近期智能巡视巡检图片，确认是否近期出现瓷套污损情况，并对表面的污物和灰尘应及时清理。如果是在电流互感器内部有严重放电，多为内部绝缘降低，造成一次侧对二次侧或对铁芯放电，此时应立即停电处理。若为铁芯穿心螺钉松动，电流互感器异常声响长随负荷的增大而增大。

4. 电流互感器绝缘介质异常

通过智能巡视数据，确认绝缘油、SF_6 气体等绝缘介质表计指示情况，发生异常时应查看近期巡检数据和现场视频确认是否是表计指示问题。如指示正常，则根据绝缘介质种类，利用图像分析和气体检测，查找是否存在绝缘油和 SF_6 气体泄漏点。并检查绝缘性能是否下降，局部放电监测设备是否有内部放电告警，及时进行绝缘介质性能分析与补充。

10.2.2.4　GIS 组合电器故障分析决策

1. 气体泄漏

密封性是 GIS 绝缘的关键，SF_6 气体泄露会造成 GIS 致命的故障，密封性差导致的频繁漏气低气压告警也是绝大多数 GIS 设备投产后的主要缺陷。应结合气体检测传感器和 SF_6 在线感知设备、智能巡检 SF_6 表计识别，对 GIS 内部 SF_6 气体压力和环境 SF_6 含量进行监测。当发生室内 SF_6 气体泄漏时，应联动打开排风系统并检测 GIS 设备绝缘性能，及时查找泄漏点进行停电消缺补充 SF_6 气体。

2. SF_6 气体微水浓度高

GIS 在安装运行检测合格后，也存在外部侵入水分的可能。由于水蒸气分子直径比 SF_6 气体分子直径小，另外 GIS 中 SF_6 气体中水分的分压力比环境空气中的水蒸气分压力小得多，因此在密封不良时，接触部分就会形成微小的孔洞或裂纹，即便 SF_6 气体不泄漏也难以避免水分的侵入。需要通过 SF_6 微水在线感知实时监测 GIS 内部 SF_6 气体压力、密度、微水含量数据，结合温湿度可以判断 GIS 内部微水含量是否符合安全运行标准。还应定期对比数据，确认是否有异常上升。当系统出现水分含量超标告警时，应及时监测凝露状态，以免

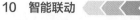

造成内部设备表面凝露，进一步产生设备放电等安全隐患，并及时进行消缺。

3. 局部放电

局部放电监测传感器采集 GIS 放电信号，根据放电模型算法初步判断放电种类，结合 SF_6 微水监测数据、气体成分分析数据和所处放电气室位置，进行放电原因分析。确定放电位置后，进行设备消缺，重新抽真空回填 SF_6 气体，并进行局部放电试验检测。

11

现场作业安全管控系统

11.1 系 统 功 能

针对变电站内出入口人员、车辆管理无序，作业过程中存在作业人员无法实时定位、人员越界操作等违规行为无法约束等问题，对比采取了相应的管控措施。变电站作业现场安全管控系统站内实施方案如图 11-1 所示。采用基于人工智能的人脸识别、车牌识别技术，实现变电站大门出入管控。采用身份验证、人员定位、区域监护、AR 协助等技术，对变电站作业全过程进行管控。

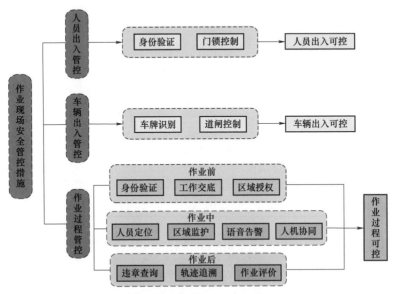

图 11-1 变电站作业现场安全管控系统站内实施方案

（1）搭建包含运维主站和变电站子站的作业安全管控平台。

（2）在变电站子站采取图像识别、区域监护、语音告警、视频抓拍等手段，对越权、越界等行为进行现场就地监管。

（3）在运维站主站，通过工作流程管理、远方监视、远程协助等措施，强化现场安全管控。

变电站作业现场安全管控系统架构见图 11－2。

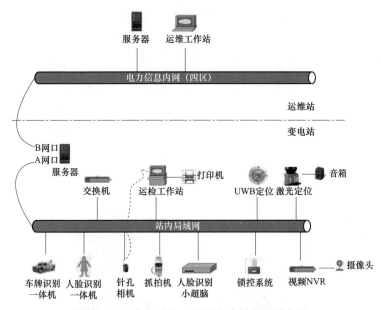

服务器　运维工作站

电力信息内网（四区）

运维站

变电站

B网口
A网口
服务器

交换机

运检工作站　打印机

UWB定位　激光定位　音箱

站内局域网

车牌识别
一体机　人脸识别
一体机　针孔
相机　抓拍机　人脸识别
小超脑　锁控系统　视频NVR　摄像头

图 11－2　变电站作业现场安全管控系统架构

11.2　作业过程管控流程

（1）作业前，采用人脸识别对作业人员进行身份验证；验证通过后，通过工作票自动唱票与确认进行工作交底，明确工作任务、工作区域以及工作中的风险点；最后下发命令进行区域授权。

（2）作业中，通过人员定位和区域监护,防止人员误入区域和越界操作,通过语音告警对人员的违章行为进行提醒，通过 AR 协助，远程协助现场作业。

（3）作业后，对作业人员开展作业评价，形成作业管控闭环。

11.3　作业人员身份识别方案

作业人员身份识别技术贯穿于运检作业的整个流程。变电站作业人员进入变电站大门时，需通过大门口的壁挂式人脸识别一体机进行人脸识别，系统将自动识别到的人脸信息与工作票下发的人员信息进行比对，比对成功后打开门锁，允许人员进入。作业人员操作前，需在运检工作站上通过工作站配置的针孔摄像机进行二次身份验证。验证通过后，才能获取工作票，进行工作内容确认。作业人员在作业过程中，进出变电站各通道、小室，人脸抓拍机抓拍人脸信息，并进行识别、记录、存档，以便事后追溯。其中，变电站大门口的人脸识别，采取前端识别的方式；运检工作站及变电站内各通道的人脸识别，因数量众多，采取前端抓拍后端识别方式，如图 11-3 所示，前端摄像头负责抓拍，后端服务器统一进行识别分析，降低硬件成本。

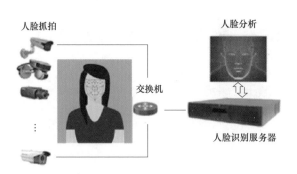

图 11-3　前端抓拍后端识别方式

11.4　作业车辆识别方案

作业车辆识别及道闸控制示意图如图 11-4 所示。采用出入口抓拍一体机，实时监测大门出入口识别区域，从视频中捕获车牌信息，并自动识别，然后与工作票下发的车牌信息进行比对，若比对成功，则打开道闸，允许车辆出入；否则，禁止车辆出入。

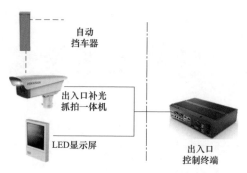

图 11-4   作业车辆识别及道闸控制示意图

11.5   人员定位及区域监护方案

采用超宽带（Ultra Wide Band，UWB）技术作为变电站全局定位技术，在变电站户内外布置 UWB 基站，作业人员佩戴定位标签进行定位。可构建变电站户内、外平面地图，做到站内作业区域定位全覆盖。采用激光雷达定位作为局部定位方案，在户内屏柜上方安装激光雷达，垂直扫描屏柜区域，将扫描区域进行建模，形成局部地图，并实时检测进入屏柜区域的动态物体，计算物体在局部地图中的坐标，从而实现局部定位。

根据人员位置动态调整区域监护措施。不同场景区域监护示意图如图 11-5 所示。当人员在户外场景作业时，因户外设备距离较远，采用 UWB 定位监护方式，可提供分米级定位精度，可有效防止越界操作、误入间隔。当人员在户内开关室等场景作业时，因屏柜距离较近，且有裸露开关、按钮等，采用激光雷达定位监护方式，可提供厘米级定位精度，可有效防止跨屏柜、越界操作。当人员在户内二次设备室场景作业时，因设备均在门内，需打开门锁才能作业，可联动站内门禁系统限制越界操作。

图 11-5   不同场景区域监护示意图

附录 A 样 本 库

表 A-1 变压器故障与油中溶解气体关系样本库

典型故障	故障原因	感知技术	状态量描述
过热性故障	铁芯多点接地	油中溶解气体在线监测 铁芯接地电流在线监测	油中 C_2H_6、C_2H_4 气体溶度增长较快/铁芯接地电流较大，大于 100mA
	多股导线间短路	油中溶解气体在线监测	油中 C_2H_4、CO、CO_2 气体溶度增长较快
	导电回路分流	油中溶解气体在线监测 红外测温技术	油中 C_2H_6、C_2H_4 气体溶度增长较快，会产生 H_2、C_2H_2/红外测温检测套管连接接头是否高温
	结构件或磁屏蔽短路	油中溶解气体在线监测	油中总烃含量增长较快
	漏磁回路的涡流绕组连接部分接触不良		
放电性故障	悬浮电位接触不良	油中溶解气体在线监测 局部放电在线监测	油中总烃逐步增长，有 H_2、C_2H_2 产生/局部放电量会增长
	金属尖端放电	油中溶解气体在线监测 局部放电在线监测	油中有 H_2、CH_4 产生/局部放电量会增长
	气泡放电	油中溶解气体在线监测 局部放电在线监测	油中有 H_2、CH_4 产生，且油中含气量会增加/局部放电量会增长
	油箱磁屏蔽接触不良	油中溶解气体在线监测	油中会产生 C_2H_2
绝缘受潮故障	外部进水	油中溶解气体在线监测 介质损耗在线监测	油中的 H_2 增长较快，且油中含水量会超标/介质损耗因素会增加
绕组变形故障	短路冲击后绕组会发生严重变形	噪声在线监测 振动在线检测 油中气体在线监测	阻抗增加、噪声较大、振动幅值增加、色谱异常

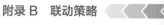

附录 B　联　动　策　略

表 B-1　　　　　　　　　　　　联　动　策　略

序号	信号分类	信息描述	联动策略	备注
1	断路器变位	某断路器	（1）联动摄像头进行拍照、一次设备特巡，检查设备是否有异物； （2）联动后台获取保护报文、录波报告； （3）避雷器泄漏电流在线监测； （4）联动灯光打开（时间段闭锁）； （5）联动室内摄像头进行信号灯检查	检修状态闭锁联动，远方/就地操作闭锁联动，跳合跳动作时只联动一次
2	SF_6告警	断路器 SF_6 气压低告警	（1）联动 SF_6 远传表计读取当前密度值； （2）绘制近一个月的密度走向图	检修状态闭锁联动
3	SF_6闭锁	断路器 SF_6 气压低闭锁	（1）联动 SF_6 远传表计读取当前密度值； （2）绘制近一个月的密度趋势图； （3）从后台调阅控回断线信号	检修状态闭锁联动
4	控回断线	220kV 线路 606 断路器控制回路断线	（1）后台信号机报文调阅； （2）联动摄像头进行保护屏红绿灯指示拍照	检修状态闭锁联动
5	跳闸	606 间隔事故总	（1）联动摄像头进行拍照保存断路器位置指示图像； （2）联动后台获取保护报文、录波报告； （3）联动室内摄像头进行信号灯检查； （4）避雷器泄漏电流在线监测（前后时间段的数据对比）； （5）联动灯光打开（时间段闭锁）； （6）联动断路器微水密度压力实时数据是否异常（标准值）	检修状态闭锁联动，远方/就地操作闭锁联动，跳合跳动作时只联动一次
6	测控装置告警	604 测控装置告警	（1）联动室内巡检摄像头进行信号灯检查； （2）联动后台获取保护报文	检修状态闭锁联动
7	母差动作	220kV 母联某间隔事故总	（1）联动摄像头进行拍照，进行一次设备特巡； （2）联动后台获取保护报文、录波报告； （3）联动室内摄像头进行信号灯检查； （4）避雷器泄漏电流在线监测（前后时间段的数据对比）； （5）联动灯光打开（时间段闭锁）； （6）联动摄像头进行中性点处于合位的主变压器中性点隔离开关进行拍照	检修状态闭锁联动

序号	信号分类	信息描述	联动策略	备注
8	母差动作	110kV 母联某间隔事故总	（1）联动灯光打开（时间段闭锁）； （2）联动摄像头进行拍照保存某断路器位置指示图像； （3）联动后台获取保护报文（母联某充电保护、主变中后备保护、110kV 母线保护）、录波报告； （4）联动室内摄像头进行信号灯检查； （5）避雷器泄漏电流在线监测（前后时间段的数据对比）； （6）联动摄像头进行中性点处于合位的主变压器中性点隔离开关进行拍照	检修状态闭锁联动
9	弹簧未储能告警	某断路器弹簧未储能告警	（1）联动摄像头进行拍照、一次设备特巡，储能指示灯； （2）联动室内摄像头进行信号灯检查	检修状态闭锁联动
10	断路器变位	10kV 某保护测控装置告警	（1）联动摄像头进行拍照、进行信号灯检查； （2）联动后台获取保护报文	检修状态闭锁联动，远方/就地操作闭锁联动，跳合跳动作时只联动一次
11	断路器变位	电容器某断路器	（1）联动高压室摄像头进行拍照、进行信号灯检查； （2）联动电容器设备区摄像头进行拍照、一次设备特巡，检查设备是否有异物； （3）联动后台获取保护报文	检修状态闭锁联动，远方/就地操作闭锁联动，跳合跳动作时只联动一次
12	断路器变位	电容器某断路器	（1）联动高压室摄像头进行拍照、进行信号灯检查； （2）联动电容器设备区摄像头进行拍照、一次设备特巡，检查设备是否有异物； （3）联动后台获取保护报文	检修状态闭锁联动，远方/就地操作闭锁联动，跳合跳动作时只联动一次
13	断路器变位	接地站用变压器断路器	（1）联动高压室摄像头进行拍照、进行信号灯检查； （2）联动站用变设备区摄像头进行拍照、一次设备特巡，检查设备是否有异物； （3）联动后台获取保护报文； （4）联动主控室摄像头进行拍照，站内交直流系统特巡	检修状态闭锁联动，远方/就地操作闭锁联动，跳合跳动作时只联动一次

参 考 文 献

[1] 周科峰，叶婷. 南京电网变压器油色谱在线监测的应用探讨［J］. 电工技术，2016（1）：33－34.

[2] 宋桐. 多模型组合优化的变压器故障诊断策略研究［D］. 西安工程大学，2015.

[3] 马利东. 变压器油中溶解气体在线监测系统研究［D］. 沈阳工业大学，2018.

[4] 唐红，郎雪淞，郑维刚，赵君娇. 油色谱在线监测装置准确性校验方法的研究［J］. 东北电力技术，2018，39（04）：11－13.

[5] 黄皓炜. 变压器油中溶解气体在线监测系统的原理及应用［J］. 浙江电力，2016，35（02）：31－35.

[6] 王阳，范明，李传才. 一种新型免维护油色谱装置分析与应用［J］. 电气技术，2016（12）：159－161.

[7] 李鹏儒，佟金锴，赵志刚. 变压器油色谱在线监测装置的实践应用与分析［J］. 沈阳工程学院学报（自然科学版），2015，11（04）：343－349.

[8] 李华，严璋. 油浸电力变压器的状态检测和状态维修［J］. 电力设备，2003，4（5）：35－39.

[9] 罗治强，董昱，胡超凡. 2008 年国家高电网安全运行情况分析［J］. 中国电力，2009，42（5）：8－12.

[10] 杨启平，薛五德. 电力变压器的状态维修与在线监测［J］. 上海电力学院学报，2008，24（3）：254－258.

[11] 王昌长，李福棋，等. 电力设备的在线监测与故障诊断［M］. 北京：清华大学出版社，2006：4－5.

[12] 刘先勇，周方洁，胡锦松. 光声光谱在油中气体分析的应用前景［J］. 变压器，2004，41（7）：30－33.

[13] 孙才. 重视和加强防止复杂气候环境及输变电设备故障导致大面积事故的安全技术研究［J］. 中国电力，2004，37（6）：1－8.

[14] 吴广宁. 电气设备状态监测的理论与实践［M］. 北京：清华大学出版社，2005.

[15] 王国利，李彦明，等. 用于变压器局部放电检测的超高频传感器的初步研究［J］. 中

国电机工程学报，2002，22（4）：154-160.

[16] 王国利. 油浸式电力变压器局部放电特高频检测技术研究 [D]. 西安交通大学，2003.

[17] 罗勇芬，李彦明，刘丽春. 基于超高频和超声波相控接收原理的油中局部放电定位法仿真研究 [J]. 电工技术学报. 2004，19（1）：35-39.

[18] 王晓蓉. 变压器油纸绝缘局部放电脉冲的提取 [D]. 西安交通大学. 2001.

[19] 李楠，廖瑞金，孙才新，等. 一种用混沌振子去除局部放电信号中窄带干扰的新方法 [J]. 电工技术学报，2006，26（2）：88-92.

[20] 孙才新，李新，李俭，等. 小波与分形理论的互补性及其在局部放电模式识别中的应用研究 [J]. 中国电机工程学报，2001，21（12）：73-76.

[21] 周力行，李卫国，陈允平. 基于混沌控制的局部放电周期性脉冲干扰抑制方法 [J]. 电力系统自动化，2004，28（15）：90-94.

[22] 王炜. 变压器铁芯接地故障自动监测 [J]. 变压器，2002，39（01）：68-69.

[23] 闫永明. 变压器铁多点接地故障的检测与处理 [J]. 山西电力技术，2001（2）：47-48.

[24] 朱德恒，谈克雄. 电绝缘诊断技术 [M]. 北京：中国电力出版社. 1999.

[25] 严璋. 电气绝缘在线检测技术 [M]. 北京：中国电力出版社. 1995.

[26] 吕延锋，钟连宏，王建华. 电气设备绝缘介质损耗测量方法的研究 [J]. 高电压技术，2000，26（5）：38-40.

[27] 王微乐，李福祺，谈克雄. 测量介质损耗角的高阶正弦拟合算法 [J]. 清华大学学报（自然科学版），2001，41（9）：5~8.

[28] 廖瑞金，王忠毅，孙才新，等. 电气设备介质损耗监测的谐波分析法及其特性 [J]. 重庆大学学报（自然科学版），1999，22（3）：67~71.

[29] 曹宇亚，申忠如，任稳柱. 介质损耗带电检测数字化处理方法的研究 [J]. 高压电器，2000，36（3）：17-19.

[30] 汪宏正，何志兴，张古银，等. 绝缘介质损耗与带电测试 [M]. 安徽：科学技术出版社，1988.

[31] 肖登明. 电力设备在线监测与故障诊断 [M]. 上海：上海交通大学出版社，2005.

[32] 汲胜昌，程锦，李彦明. 油浸式电力变压器绕组与铁芯振动特性研究 [J]. 西安交通大学学报，2005，39（6）：616-619.

[33] 王洪方，王乃庆，李同生. 短路条件下电力变压器绕组轴向振动等效单自由度分析 [J]. 电工技术学报，2000，15（5）：39-41.

［34］ 李凯. 变压器绕组光纤温度在线监测系统研究与实际应用［D］. 北京：华北电力大学，2014.

［35］ 吴建军，李希元，李四华，等. 变压器绕组光纤温度在线监测系统研究与实际应用［J］. 变压器，2013，（11）：47－50.

［36］ 奚红娟. 变压器绕组温度分布光纤光栅在线监测及影响因素研究［D］. 重庆：重庆大学，2012.

［37］ 施清平. 光纤温度传感器实用化若干关键问题的研究［D］. 哈尔滨：哈尔滨工程大学，2007.

［38］ 陈辉. 半导体吸收式光纤温度传感系统研究［D］. 河北：华北电力大学，2010.

［39］ 胡昆. 基于砷化镓吸收式多通道自校准光纤温度监测系统的研究［D］. 广州：广东工业大学，2015.

［40］ 李瑞涛. 基于良好散热的 LED 光纤耦合装置结构设计［D］. 长春：长春理工大学，2013.

［41］ 胡昆，董玉明，傅惠南，等. 砷化镓吸收式光纤温度传感技术解调方法［J］. 光电工程，2015，42（10）：62－65.

［42］ 王建生，邱毓昌，吴向华，等. 用于 GIS 局部放电检测的超高频传感器频率响应特性［J］. 中国电机工程学报，2000，20（8）：42－45.

［43］ 李忠，张晓枫，陈杰华，等. 外部传感器超高频 GIS 局部放电检测技术［J］. 西安交通大学学报，2003，37（12）：1280－1283.

［44］ 金立军，张明锐，刘卫东. GIS 局部放电缺陷诊断试验研究［J］. 电工技术学报，2005，20（11）：88－92.

［45］ 唐炬，侍海军，孙才新，等. 用于 GIS 局部放电检测的内置传感器超高频耦合特性研究［J］. 电工技术学报，2004，19（5）：71－75.

［46］ 黄家旗. GIS 在线监测系统的研究［D］. 硕士学位论文，清华大学，2001.

［47］ 赵勇. 光纤光栅及其传感技术［M］. 北京：国防工业出版社，2007.

［48］ 王润华. SF_6 气体监测系统在 GIS 组合电器中的应用［J］. 上海电力，2006（5）：23－25.

［49］ 杨俊宏，李晓彤，畅银萍，等. SF_6 气体密度控制器的检验［J］. 高压开关，2009，26（1）：68－72.

［50］ 徐海强. 变电站 SF_6 和氧气在线监测的研究［D］. 北京：华北电力大学，2012.

［51］ 赵常均. SF_6 电气设备泄漏监测装置的研究［D］. 吉林：东北电力大学，2011.

［52］ 张裕生. 高压开关设备检测和试验［M］. 北京：中国电力出版社，2003.

［53］ 徐国政，张节容，钱家骊，等．高压断路器原理和应用［M］．北京：清华大学出版社，2000．

［54］ 杨武，荣命哲，陈德桂．高压断路器操作振动信号处理的一种新方法［J］．电工电能新技术，2002，21（3）：57－60．

［55］ 项立刚，5G 的基本特点与关键技术［J］．中国工业和信息化，2018（1）：8．